Carlos Aitor Yuste y Jon Arrizabalaga

Eso no estaba en mi libro de Historia de la Medicina

Segunda edición

LIBROS
EN EL
BOLSILLO

© Carlos Aitor Yuste, 2018
© Jon Arrizabalaga, 2018
© Talenbook, s.l., 2018
© de la primera edición en Talenbook, S.L.: febrero de 2018
© de esta edición en Libros en el Bolsillo, enero de 2024
www.editorialalmuzara.com
info@almuzaralibros.com
Síguenos en redes sociales: @AlmuzaraLibros

Impreso por Black Print
Edición: Ana Cabello
Libros en el bolsillo: Óscar Córdoba
Director editorial: Antonio Cuesta

I.S.B.N: 978-84-17547-21-9
Depósito Legal: CO-89-2020

Código THEMA: MBX
Código BISAC: MED039000

Reservados todos los derechos. Queda rigurosamente prohibida, sin la autorización escrita de los titulares del copyright, bajo las sanciones establecidas en las leyes, la reproducción parcial o total de esta obra por cualquier medio o procedimiento, incluidos la reprografía y el tratamiento informático, así como la distribución de ejemplares mediante alquiler o préstamo público.

Impreso en España - *Printed in Spain*

A nuestras familias y
todo el equipo de RNE

PRÓLOGO 9

PIONERAS 13

GUERRA Y PESTE 37

LOS ENEMIGOS DE LA MUERTE 71

HISTORIAS DE UN BOTIQUÍN 101

RASGUÑOS MORTALES 131

INTER ARMA, CARITAS: LOS ORÍGENES DEL
MOVIMIENTO INTERNACIONAL DE LA CRUZ ROJA Y
DE LA MEDIA LUNA ROJA 156

LA MALDICIÓN DEL SOLDADO 209

DE LAS ENFERMEDADES SAGRADAS 241

FUE NOTICIA 270

REALIDAD Y FICCIÓN 298

ANÉCDOTAS CON HISTORIA 324

PRÓLOGO

Cada libro tiene su historia. La de este en concreto comenzó hace muchos años, en un viaje con mis abuelos a ya no recuerdo dónde. Para hacerme más llevadero el trayecto mi abuelo me regaló el primer volumen de las Historias de la Historia de Carlos Fisas. Por entonces la asignatura de Historia me gustaba lo justo —es decir, infinitamente más que las matemáticas pero menos que las manualidades—, pero me encantó su forma de enfocar y enseñar historia a través de pequeñas anécdotas. Una fórmula que, con los años, ahora que me dedico a explicar la historia a otras personas, empleo incluso más de lo que debería.

Sin embargo, únicamente con el ejemplo de Fisas este libro y el programa de Radio 5 de Radio Nacional de España en el que se inspira nunca hubieran sido posibles. Debo agradecer a mi amigo Koldo que un día me recomendase hablar con un investigador del CSIC en historia de la medicina y de la ciencia, a quien conoce desde hace años y con quien estaba seguro de que podría formar un buen tándem. Dicho y hecho: lo llamé y le comenté que me apetecía hacer un programa de radio sobre historias médicas y de médicos. No solo me ofreció su ayuda, sino que además me aportó la dosis de confianza y entusiasmo que me faltaba para afrontar aquel proyecto; también la seriedad de quien conoce el tema, el rigor del científico que revisa concienzudo todos sus pasos y —bien sabemos ambos lo importante que es esto— una enorme dosis de ese sosiego tan necesario, y que a mí me falta, para conseguir no tanto terminar el trabajo pronto como acabarlo bien.

A partir de este párrafo nos toca ya hablar en plural, pues aquel programa de Radio 5 que decidimos bautizar como «Historias de la medicina» —sí, fue un guiño agradecido a Carlos Fisas— no hubiese sido posible de no haber contado con la confianza de Juan Carlos Soriano y Chema Forte y la inestimable ayuda del personal de RNE en sus delegaciones de Donostia/San Sebastián y Pamplona/Iruña, donde grabamos todos sus capítulos. Lo que aprendimos de los locutores y técnicos de sonido es algo que no tiene precio.

Fue un trabajo bonito y del que nos sentimos muy orgullosos, pero pronto empezó a rondarnos la cabeza la idea de dar un paso más: llevar a un libro aquellas historias. Durante meses le estuvimos dando vueltas, hablando con unos y con otras, hasta que un día se cruzó en nuestro camino Ana Cabello y la editorial Guadalmazán, que nos brindaron todo su apoyo al proyecto. Ya no había excusas.

A partir de ese momento, nos pusimos manos a la obra, robándonos parte del poco tiempo libre que a uno le dejaban sus congresos, conferencias y artículos, y al otro, la campaña forestal de verano. Estamos en deuda con las autoras y autores de monografías, artículos científicos, notas de prensa, contribuciones en Wikimedia y blogs personales, que nos han permitido documentarnos y cuyo trabajo tiene todo nuestro reconocimiento. Particular gratitud merece la editorial Pamiela y Guillermo Sánchez por autorizarnos a reproducir generosamente en el capítulo 6 pasajes de un reciente libro sobre Nicasio Landa. Finalmente, queremos agradecer la amabilidad y comprensión de tantos amigos y compañeros de ambos y sobre todo de nuestras familias, que han aceptado con cariño, confianza y paciencia el tiempo y atención que les hemos sustraído.

No hemos buscado retribuir todas estas complicidades con una sesuda obra de investigación sino mediante un libro de divulgación inscrito parcialmente en el marco del proyecto «Acciones de socorro y tecnologías médicas en emergencias humanitarias (1850-1950): agencias, agendas, espacios y representaciones» (HAR2015-67723-P [MINECO/FEDER]). Su objeto: acercar al público lector la historia de la medicina a partir de anécdotas que dan cuenta de algunos hitos en la lucha contra la enfermedad y en pro de la salud y el bienestar humanos, de las vicisitudes vitales de sus protagonistas, y también del sufrimiento y anhelos de personas y colectivos dolientes. Nuestro recorrido atraviesa territorios y tiempos diversos, desde la antigüedad griega hasta nuestros días, transita distintos continentes en tiempos de paz y de guerra, y se nutre de episodios recogidos en fuentes tan dispares como relatos históricos, testimonios de sus protagonistas y recreaciones literarias, fílmicas o televisivas suyas. Hemos brindado especial atención a lo acontecido en ambas orillas de ese «charco» inmenso que nos une a la comunidad latinoamericana. Y comenzando, eso sí, por esas aún hoy día grandes ignoradas de la historia que son las mujeres; en concreto, aquellas que decidieron ponerse su mundo por montera y consagrarse contra viento y marea al ejercicio profesional de la medicina, abriendo la puerta a cuantas en la actualidad cuidan de nuestra salud.

Confiamos en que esta aproximación desenfadada pero rigurosa al pasado complazca al público. De antemano, nos disculpamos por los errores —responsabilidad exclusiva nuestra— que el libro pudiera contener, deseando que sea mucho lo interesante, entretenido, curioso y divertido que pueda encontrarse en él.

Cordovilla-Cendea de Galar / Barcelona,
noviembre de 2018

PIONERAS

Elizabeth Blackwell, la médica que además quiso ser maestra

La palabra resignación no estaba en el diccionario de Samuel y Hannah (de soltera Lane) Blackwell. Nunca podremos estarles suficientemente agradecidos por ello.

Para comprobarlo, no comenzaremos nuestro relato en 1821, cuando nació su segunda hija y protagonista de esta historia, Elizabeth, en el que era un próspero hogar de la ajetreada ciudad portuaria de Bristol, en el Reino Unido. Lo haremos algo más tarde, en 1832, cuando los Blackwell vieron impotentes cómo su negocio familiar, una refinería de azúcar, ardía hasta los cimientos. Un duro golpe que sin embargo encajaron con una entereza asombrosa: en lugar de lamentarse, decidieron arriesgar el todo por el todo y cruzar el Atlántico norte rumbo a una nueva vida en los Estados Unidos.

Fotografía de Anandibai Joshee (izquierda) de la India, Kei Okami (centro) de Japón y Tabat M. Islambooly (derecha) de la Siria otomana, estudiantes de la Facultad de Medicina para Mujeres de Pennsylvania. Las tres fueron las primeras mujeres de sus respectivos países en obtener un título en medicina occidental. Fotografía de 1885.

Y eso que, además de los peligros que aún amenazaban a quienes se atrevían a dar aquel paso, ellos lo hicieron acompañados de Elizabeth y sus otros siete hermanos, la mayor de dieciséis años, el menor de tan solo dos. La nueva vida no implicaba olvidar sus firmes convicciones religiosas ni sus ideales liberales, y llegados a América, en lugar de resignarse y cerrar los ojos ante tan lacerantes injusticias como la esclavitud, tomaron parte activa en la causa abolicionista. Los Blackwell mantuvieron siempre abiertas las puertas de su hogar a aquellos esclavos que buscaban un lugar donde descansar en su camino hacia el norte, hacia la libertad. Una libertad en la que también quisieron educar a sus hijos e hijas por igual. Tanto a los ocho con quienes habían abandonado el sur de Inglaterra, como al noveno, nacido a los pocos meses de su llegada a la joven nación norteamericana, y al que en homenaje a su libertador pusieron por nombre George Washington.

Con tales padres, no puede extrañarnos que a su hija Elizabeth le amilanasen muy pocas cosas; desde luego, no el rechazo de una universidad. Ni el de diez. En 1847, a sus veintiséis años, Elizabeth Blackwell había tenido ya sobradas oportunidades de descubrir tanto el lado más amable de la vida —la familia que la había educado y protegido— como el más duro. Sobre todo tras la muerte de su padre en 1838, cuando ahogadas por las deudas, ella, su madre y sus hermanas Anna y Marian optaron por abrir una escuela para señoritas, el Cincinnati English and French Academy for Young Ladies. ¿Que una universidad la rechazaba?, pues ya daría ella con otra que la aceptase. Y hasta entonces, a trabajar para ahorrar y poder pagarse sus estudios. Una tenacidad admirable, sobre todo teniendo en cuenta que a mediados del siglo XIX no se contemplaba el acceso de las mujeres a la universidad.

Retrato de Elizabeth Blackwell por Joseph Stanley Kozlowski, 1905.

No es que estuviese prohibido, que en algunos casos lo estaba, sino que sencillamente no se concebía tal «ocurrencia». Tras diez negativas, llegó por fin el sí del neoyorquino Geneva Medical College, donde Elizabeth pudo cursar sus estudios de Medicina graduándose dos años después como la primera doctora en Medicina de los Estados Unidos... y de todo el mundo.

Ese histórico 23 de enero de 1849 el mismísimo decano, tan reticente a su ingreso dos años atrás, se había levantado e inclinado ante ella en el acto de entrega del título, pero aquel seguía siendo un «mundo de hombres». Tras dejar la universidad, la joven doctora Blackwell prosiguió sus estudios en el Reino Unido y en Francia, especializándose en obstetricia. Sin embargo, ni en Europa ni en los Estados Unidos, le brindaron nunca las mismas oportunidades que a sus colegas masculinos, viéndose injustamente aislada del resto de médicos. Para colmo, nada más comenzar su carrera profesional, durante su estancia en París, se vio obligada a renunciar a su gran sueño de ser cirujana a resultas de un accidente laboral mientras atendía a un bebé aquejado de una conjuntivitis neonatal: uno de sus ojos se le infectó y, tras unas semanas de convalecencia, hubieron de extirpárselo y sustituirlo por otro de cristal. Pero ni esta adversidad ni el rechazo de la mayoría de sus compañeros por su condición de mujer —incluso durante los duros años de la guerra de Secesión que asoló los Estados Unidos entre 1861 y 1865, cuando toda ayuda era poca— lograron detenerla. No a Elizabeth. Si sus colegas masculinos la despreciaban, se rodearía de mujeres tan intrépidas y valientes como ella: su hermana Emily, la tercera mujer en obtener el título de Medicina en los Estados Unidos —la segunda había sido Lydia Floger—, la polaca Marie Zakrzewska y otras muchas que ella misma formaría. Y así, con su ayuda, en 1853 fundó el New York Dispensary for Poor Women and Children, cuatro años más tarde rebautizado como New York Infirmary for Indigent Women and Children y del que hoy día es heredero el Lower Manhattan Hospital. Un esfuerzo que también la haría merecedora del reconocimiento de su país natal cuando, en 1859, se convirtió en la primera mujer de la historia incluida en el Registro de Médicos de Gran Bretaña.

> THE FIRST WOMAN PHYSICIAN
>
> When Mrs. Elizabeth Smith Miller the other day presented a portrait of Dr. Elizabeth Blackwell, the earliest

La primera doctora, Elizabeth Blackwell. Woman's Journal, Boston, Massachusetts, [12 de junio de 1909].

Con todo, como digna hija de sus padres, ni siquiera esto le pareció suficiente; y junto al desempeño de sus tareas médicas, se entregó en cuerpo y alma a promover políticas reformistas. Por ejemplo en favor de la abolición de la prostitución. O, algo inimaginable para la rígida doble moral de su época, en favor de la educación sexual tanto para hombres como para mujeres. Ello la llevó a viajar infatigablemente por Estados Unidos, el Reino Unido, Francia o Italia, hasta que en 1907, estando de vacaciones, Elizabeth sufrió un accidente, al caer por unas escaleras, que le dejó serias secuelas. La vida de esta indómita mujer terminó por apagarse tres años después, un 31 de mayo de 1910. Su ejemplo como médica y educadora perviviría. Ya lo apuntaba el lema que el día de su entierro adornó la corona funeraria que un grupo de facultativas hizo llegar a la localidad escocesa de Kilmun, donde fue enterrada conforme a sus deseos: «Una pionera... de algunas de quienes siguen empeñadas en seguir sus pasos».

Cecilia Grierson, la maestra que además quiso ser médica

Precisamente de Escocia partió el abuelo de nuestra siguiente protagonista, la argentina Cecilia Grierson, nacida en Buenos Aires un 22 de noviembre de 1859, el mismo año en el que Elizabeth Blackwell veía su nombre inscrito en el Registro de Médicos de Gran Bretaña. Casualidades aparte, hay bastantes paralelismos entre estas dos intrépidas mujeres: igualmente nacida en el seno de una familia empeñada en la buena educación tanto de ella y su hermana como de sus otros cuatro hermanos varones, también perdió a su padre siendo aún una adolescente, motivo por el cual hubo de comenzar a impartir clases como institutriz para ayudar a la economía familiar. Clases que Cecilia compaginó, algo nada raro en aquellos tiempos, con sus estudios para obtener el título de maestra de primaria, que finalmente lograría en 1878. Ciertamente, su primera vocación no era la medicina sino el magisterio. Y a ello posiblemente se hubiera dedicado toda su vida, de no haber visto morir a su amiga Amelia Kenig tras una larga y penosa enfermedad. A partir de ese momento se conjuró para tratar de aliviar el dolor ajeno, centrando sus esfuerzos en obtener el título de Medicina. Con todo, jamás llegaría a desentenderse completamente de la educación, siendo promotora de la creación de varias escuelas, así como autora de obras sobre la educación de las mujeres y las personas ciegas.

Otro paralelismo entre ambas mujeres fue el enorme rechazo social al que hubieron de enfrentarse desde el momento mismo en que decidieron dedicarse a la medicina: también a Cecilia le pusieron infinidad de trabas por su condición de mujer, que afrontó con el mismo tesón de la angloamericana hasta lograr su título en 1889, tras seis años de estudios y prácticas. Siendo aún una estudiante, había trabajado con denuedo junto a sus compañeros durante la epidemia de cólera que afectó a Buenos Aires en 1886; en 1891 fue una de las fundadoras de la Asociación Médica Argentina; y un año después colaboró en la primera cesárea realizada en su país. Pero nada de ello parecía suficiente y siempre le impidieron ejercer la cirugía, pese a estar habilitada para ello, obligándola a dedicarse únicamente a la ginecología y a la obstetricia. E incluso en este campo hubo de pasar por la humillación de ver cómo el tribunal del concurso para elegir a un profesor sustituto de la cátedra de obstetricia para parteras de la Universidad de Buenos Aires, al que se había presentado en 1894, prefería declararlo desierto que dárselo a ella, una mujer.

Tampoco Cecilia se rindió nunca, y con firmeza y paciencia, fue, poco a poco, derribando barreras. En 1904 logró su plaza universitaria como profesora de Gimnasia médica y Quinesioterapia. Y lo que para ella y millones de argentinas fue mucho más importante: en 1926, tras años de esfuerzos logró que el Código Civil argentino recogiese algunas de sus demandas respecto al derecho de las mujeres a, por ejemplo, disponer de sus propios ahorros. Porque a la doctora Grierson sus indudables éxitos profesionales en el campo de la medicina no le impidieron luchar hasta su fallecimiento en 1934 por los derechos de las mujeres y de los más desfavorecidos, víctimas de todo tipo de discriminaciones en el ámbito laboral o político.

Ella ya no pudo verlo, pero el 23 de septiembre de 1947 se firmó la Ley 13.030, que reconocía el derecho al voto femenino en Argentina, prueba de que fueron muchas las que decidieron seguir los pasos de esta pionera en su lucha por los derechos de las mujeres.

La doctora Cecilia Grierson (centro) con otros docentes durante un examen en la Facultad de Medicina de la Universidad de Buenos Aires, 1909.

Eloísa Díaz Insunza y Ernestina Pérez Barahona, la vanguardia chilena

La vida de miles de mujeres chilenas comenzó a cambiar un 6 de febrero de 1877. Ese día, el por entonces ministro de Justicia, Culto e Instrucción Pública, Miguel Luis Amunátegui, dejaba escrito con pulcra letra: «Las mujeres deben ser admitidas a rendir exámenes válidos para obtener títulos profesionales con tal que ellas se sometan para ello a las mismas disposiciones a que están sujetos los hombres».

Eloísa Díaz Insunza, nacida en Valparaíso un 8 de agosto de 1865, y Ernestina Pérez Barahona, natural de Santiago y solo once meses más joven, serían dos de las primeras en no dejar pasar esa oportunidad. Aunque ello no les supondría ninguna ventaja, más bien al contrario. Pese a sus buenas calificaciones escolares y al Decreto Amunátegui, cuando Eloísa decidió en 1881 estudiar Medicina en la Universidad de Chile, se le obligó, por ejemplo, a asistir a las clases acompañada de su madre. Una ordalía por la que también habría de pasar dos años después Ernestina. Pero ninguna de las dos cejó ante semejante discriminación, que en ningún caso formaba parte de «las mismas disposiciones a que están sujetos los hombres». Y tras mucha constancia y esfuerzos no solo lograron vencer las reticencias de sus profesores y compañeros, sino que finalmente, con un margen de una semana, ambas obtuvieron los títulos de doctoras: Eloísa el 3 de enero de 1887 y Ernestina el 10, tras haber logrado acabar los tres primeros cursos en un solo año. Ya doctoradas, Eloísa decidió permanecer en Chile mientras Ernestina viajó becada por el Gobierno para proseguir sus estudios en Alemania, donde el embajador chileno hubo antes de interceder pues allí aún no se permitía que las mujeres asistieran a clase. Ernestina finalmente logró que con ella hiciesen una excepción con la condición de sentarse separada de sus compañeros.

Eloísa Díaz logró ingresar en la universidad después de que en 1877 se dictara el Decreto Amunátegui que permitía a las mujeres cursar estudios de educación superior en Chile.

Aunque tomaron caminos profesionales diferentes, ambas compartieron siempre un mismo interés por la higiene social. Eloísa dedicó su vida a mejorar el sistema educativo chileno, impulsando programas de salud escolar como el desayuno obligatorio en los colegios, promoviendo la creación de jardines de infancia o haciendo campañas en favor de la vacunación. Mientras tanto, Ernestina, tras dedicarse un tiempo a la lucha contra plagas sociales como el alcoholismo, la tuberculosis y el cólera, se volcó en la salud femenina y en la puericultura. Ciertamente, sus trayectorias transcurrieron de modo casi paralelo hasta el momento mismo de sus fallecimientos, Eloísa en 1950 y Ernestina en 1951; y la sociedad chilena se benefició con creces de sus desvelos, hasta el punto de que aún hoy día varias escuelas y calles las recuerdan llevando puestos sus nombres con orgullo y cariño.

Rita Lobato, una infatigable luchadora brasileña

El equivalente brasileño al Decreto Amunátegui, que antes hemos visto en el caso de las chilenas Eloísa Díaz Insunza y Ernestina Pérez Barahona, fue la reforma educativa del año 1879, que permitía el acceso a la educación superior a los «individuos de uno y otro sexo». Estas reformas en ningún caso acabaron de golpe con los prejuicios de la época que condenaban a las mujeres al rol de amas de casa, pero al menos las aprovechó una minoría de intrépidas estudiantes con la fortuna de nacer en el seno de familias acomodadas y convencidas de la necesidad de apoyarlas en sus estudios. La tuvo también nuestra siguiente protagonista, la rio-grandina Rita Lobato Velho Lopes de Freitas.

Corría el año 1884 cuando Rita, quien entonces contaba dieciocho años, comenzó sus estudios de Medicina junto a su hermano Antonio en la Universidad de Río de Janeiro. Si bien no era la única mujer que acudía a las clases, pronto comenzó a destacar por su aplicación en los estudios, que le permitió terminar su primer año con unas notas excelentes. Al final de ese curso, su padre decidió trasladar a toda la familia a Bahía, donde Rita lograría hacerse valer de nuevo por su perseverancia, realizando los cursos en menos tiempo del estipulado. De ahí que no pueda extrañarnos que, cuando en noviembre de 1887 defendió su tesis sobre los paralelismos entre los métodos recomendados en las cesáreas, el auditorio estuviese repleto de profesores, alumnos, amigos y familiares. Rita, que había perdido a su madre a causa de unas complicaciones tras el parto de su décimo tercer hermano, supo responder con precisión a las preguntas de sus examinadores primero y del presidente del tribunal finalmente. Unos días después, el 10 de diciembre, le era entregado el diploma que la acreditaba como la primera médica brasileña.

Tras sus estudios regresó a Porto Alegre, en su Río Grande do Sul natal, donde además de contraer matrimonio con Antônio Maria Amaro Freitas, con quien tendría una hija, abrió un consultorio médico para mujeres, muchas de ellas sin apenas recursos. Y así transcurrieron los siguientes años de Rita, entre las consultas, el cuidado de su hija y los quehaceres domésticos, hasta que en 1910, con su pequeña ya convertida en una adolescente, decidió pasar una temporada en Buenos Aires para actualizar sus conocimientos. A su regreso, aún se dedicaría al ejercicio de la medicina en la localidad de Río Pardo, hasta 1925, cuando a la edad de sesenta años, decidió retirarse y pasar sus últimos años junto a su marido.

Sin embargo, el fallecimiento de este al año siguiente y el vacío que le provocó esta pérdida le hicieron centrar sus siempre enormes energías en la lucha por los derechos de las mujeres. Apoyó entonces la campaña en favor del voto femenino llevada a cabo esos años por Bertha Lutz, quien había creado en 1922 la Federación Brasileña para el Progreso Femenino. Pese a su edad, vivió esta causa con la misma intensidad juvenil con que había afrontado sus estudios; y cuando en 1932 vio cómo se otorgaba el derecho a voto a las mujeres mayores de veintiún años, se lanzó a forjar su propia carrera política, afiliándose al Partido Libertador y logrando ser elegida concejala de Río Pardo. Aunque en 1937 se produjo en Brasil el golpe de Estado de Getúlio Dornelles Vargas que la privó de su condición de concejala, y en 1940 sufrió un pequeño accidente vascular, Rita Lobato continuó valientemente con sus actividades y su mente lúcida siempre al servicio de la comunidad hasta su fallecimiento un 6 de enero de 1954.

Matilde Hidalgo de Procel, abriendo el camino en Ecuador

Hasta ahora hemos examinado las biografías de una serie de mujeres apasionantes tanto por su tesón como por su altruismo. El caso de Matilde Hidalgo de Procel no les queda en absoluto a la zaga, hasta el punto de que no es exageración afirmar que algunos derechos de los que disfrutan hoy día las mujeres ecuatorianas son mérito suyo.

Si en 1875 las instituciones chilenas hubieran sido justas con Domitila Silva y Lepe, ella hubiera sido la primera mujer latinoamericana en ejercer su derecho a voto. Domitila cumplía con todas las condiciones que marcaba la Constitución de 1833: era chilena, y sabía leer y escribir. Y como ella, muchas otras mujeres también habían optado por presentarse ante la Junta Electoral chilena para que les reconociesen su derecho a voto. La respuesta que obtuvo del Congreso chileno fue, sin embargo, una reforma de la ley electoral impidiendo el derecho a voto de sus ciudadanas. Igualmente, tras incluir en 1859 en el Registro de Médicos de Gran Bretaña a Elisabeth Blackwell y, siete años después, a Elisabeth Garrett, lo lógico hubiera sido que tras ellas se hubiese aceptado la inscripción de otras muchas médicas. Pero tampoco en este caso las instituciones fueron justas: inmediatamente después del acceso de Garrett se reformaron las normas para impedir el acceso de más mujeres. Y es que, aunque la constancia en la lucha por la igualdad entre hombres y mujeres fue dando sus frutos desde mediados del siglo XIX, también se produjeron enormes reacciones en su contra. Nuestra protagonista, Matilde Hidalgo de Procel, no solo ha pasado a la historia por ser la primera doctora ecuatoriana, sino también por convertirse en la primera mujer en ejercer su derecho a voto de toda Latinoamérica. Pero empecemos por el principio.

Matilde Hidalgo nació en la ciudad ecuatoriana de Loja en 1889, también en el seno de una familia que se ocupó desde muy niña de su educación. Primero sus padres y hermano, y luego las Hermanas de la Caridad de la Escuela Primaria La Inmaculada la prepararon con esmero para su paso al bachillerato y a la universidad. Aun así, como primera alumna en inscribirse en el Colegio Bernardo Valdivieso, solo a base de esfuerzo y buenas notas logró ganarse la simpatía y el aprecio de sus profesores y compañeros, hasta convertirse en la primera mujer que alcanzaba en Ecuador el título de bachiller. Mas ni eso le abrió las puertas de la Universidad Central del Ecuador, en cuya Facultad de Medicina había solicitado el acceso: el rector de dicha universidad se negaba a aceptar mujeres entre su alumnado. Como Matilde se había contagiado de la pasión por la medicina cuando, siendo aún casi una niña, había ayudado a las Hermanas de la Caridad en el pequeño hospital que tenían anexo a su colegio, probó suerte en la Universidad de Cuenca. Este centro de estudios sito en la sureña provincia de Azuray, había abierto sus puertas apenas medio siglo antes y su rector, Honorato Vásquez, apoyaba con ahínco la igualdad de derechos de las mujeres. De esta manera, tras comenzar allí sus estudios y obtener las máximas calificaciones, pudo acceder en 1919 a la Universidad Central del Ecuador para terminar convirtiéndose en la primera doctora en Medicina ecuatoriana.

Pero como decíamos al principio, no solo en eso fue la primera: en 1924, ya casada con el abogado Fernando Procel, con quien tuvo dos hijos, se presentó ante la Junta Electoral con la intención de inscribirse para poder votar en las siguientes elecciones presidenciales. Ante el revuelo provocado por su decisión, y al ver que los miembros de la Junta se negaban a empadronarla, Matilde les leyó la Constitución, donde claramente se decía que para poder votar en Ecuador era necesario ser mayor de 21 años, y saber leer y escribir. Al final se aceptó su petición, si bien quedó pendiente del dictamen del Consejo de Estado, que en una decisión histórica reconoció semanas después su derecho y el de todas aquellas mujeres que cumpliesen con las condiciones marcadas por la Constitución. Logró no solo ejercer su derecho a voto sino también ser elegida concejala de Máchala, cuando se presentó con el Partido Liberal como diputada por Loja. Sin embargo, hubo de ver cómo eran amañadas las papeletas para que ella constara solo como «suplente» y en su lugar apareciese el nombre de un candidato masculino, pese a haber sido la ganadora.

Matilde aún viviría lo suficiente, mientras proseguía con su labor profesional y promovía numerosas obras sociales, como para desquitarse de tan injusta humillación con creces, al ser objeto de numerosos homenajes y reconocimientos hasta el momento de su fallecimiento un 20 de febrero de 1974.

Matilde Montoya, impúdica y peligrosa mujer

Odiada por unos, admirada por otros, la mexicana Matilde Montoya no dejó indiferente a nadie en su época; y en su lucha por alcanzar el título de médica se vieron inmersos desde sus compañeros y profesores hasta alguno de los rotativos más significativos del país e incluso sus más altas instituciones.

Hija de un rígido militar llamado José María Montoya y de Soledad Lafragua, quien se veía obligada a permanecer recluida en su casa por expreso deseo de su marido, Matilde Petra Montoya Lafragua nacía en la Ciudad de México en 1859. Educada por su madre, a los once años ya había completado sus estudios de primaria pero, al ser tan pequeña, no le permitieron estudiar para ser profesora, como era su deseo. De ahí que, siguiendo el consejo de su madre, se centrara en cursar estudios de partera en la Escuela Nacional de Medicina, mediante una partida de bautismo falsa a nombre de Tiburcia Montoya Lafragua para que la dejasen matricularse. La muerte de su padre le hizo dejar sus estudios y desplazarse a vivir a Cuernavaca donde, pese a carecer aún del título, ayudó en un complicado parto con tan buenas artes que, al poco tiempo, un tribunal médico local la declaró apta para ejercer de partera. Esta experiencia la llevó, de vuelta ya a la Ciudad de México al año siguiente, a ingresar en la Escuela Nacional de Medicina y obtener, ya sí de forma oficial, su título de partera en 1875. Tras ello, se mudó a la ciudad de Puebla donde abrió su consulta de obstetricia.

Así comenzaría de forma oficial la carrera profesional de Matilde Montoya, pero también su guerra contra los estamentos más reaccionarios de su época, empezando por algunos de sus colegas. Estos, acostumbrados a tratar de forma displicente a sus pacientes femeninas, vieron en Matilde una amenaza, y desataron contra ella una campaña de rumores tachándola de «masona y protestante». Hoy día este tipo de insultos pueden parecernos triviales, pero en aquella época eran algo muy serio: no en vano, por esos años, en 1878, veinticinco protestantes fueron asesinados en la cercana localidad de Atzala por una turba al grito de «viva la religión y mueran los protestantes». En el caso de Matilde, lograron que se quedara casi sin clientes y que, harta de tanto insulto, abandonase la ciudad. Ahora bien, en 1880 sus propios pacientes la convencieron para que regresase desde Veracruz a donde se había trasladado. Esta vez Matilde no se iba a conformar con ser partera, sino que ingresó en la Escuela de Medicina de Puebla con el objetivo de lograr convertirse en médica. Aquello ya era demasiado para los sectores poblanos más reaccionarios, que le dedicaron un artículo bajo el encabezamiento siguiente: «Impúdica y peligrosa mujer pretende convertirse en médica». Dolida pero cada vez más dispuesta a coronar su objetivo, regresó de nuevo a Ciudad de México, donde logró, no sin dificultades, que la admitieran, pese a que hubo de hacer disecciones y cursar los estudios anatómicos, separada del resto de sus compañeros. Aun así, debió soportar comentarios como que «debía ser perversa la mujer que quiere estudiar Medicina, para ver cadáveres de hombres desnudos». Aunque muchos compañeros se pusieron de su lado, recibiendo por ello el mote de «montoyos», le negaron su derecho a realizar sus exámenes del primer curso, alegando farragosos problemas burocráticos, y hubo de ser el mismísimo presidente de México, Porfirio Díaz, quien intercediese por ella.

Después de otros muchos avatares, un 25 de agosto de 1887, tras dos días de agotadoras pruebas, a la primera de las cuales, un examen teórico, había asistido el presidente Díaz en persona, Matilde Montoya obtuvo oficialmente su título de médica. A partir de entonces desarrolló su carrera profesional en las dos consultas privadas que abrió, a la par que participaba en asociaciones femeninas como el Ateneo Mexicano de Mujeres y la Asociación de Médicas Mexicanas que ella había fundado. Esta vida de constantes esfuerzos llegaría a su fin un 26 de enero de 1939, meses después de que hubiese sido agasajada por muchos de sus colegas de ambos sexos y otras personalidades con motivo de los cincuenta años transcurridos desde su complicada graduación.

Tres intrépidas catalanas: Elena Maseras, Dolors Aleu y Martina Castells

Si las chilenas Eloísa Díaz Insunza y Ernestina Pérez Barahona o la brasileña Rita Lobato demostraron un valor impresionante al ser las primeras en estudiar Medicina una vez reconocido legalmente el derecho de las mujeres a matricularse en sus respectivos países, qué no diremos de estas tres valientes pioneras catalanas, adelantadas a su tiempo hasta tal punto que incluso las leyes fueron a su zaga a medida que ellas iban abriéndose camino.

Dra. Castells con la indumentaria de doctora en Medicina.

María Elena Maseras y Rivera se convirtió en septiembre de 1872 en la primera estudiante inscrita en una universidad española sin necesidad de ocultar su género, la única salida hasta entonces encontrada por aquellas pocas mujeres que habían osado saltarse la prohibición de acceder a las aulas. Para que ello fuera posible, el año anterior el director general de Instrucción Pública, Antonio Ferrer del Río, había redactado una orden concediendo el derecho a examinarse «de varias asignaturas de segunda enseñanza a doña María Maseras y Rivera», que hacía extensivo a «otras personas del mismo sexo». A fin de conjugar los supuestos «inconvenientes que, dado el estado de nuestras costumbres, podría ocasionar la reunión de ambos sexos en las clases» con el «indisputable derecho que a la instrucción tiene la mujer», la orden resolvía que las mujeres estudiasen en privado, aunque luego pudiesen presentarse a los exámenes. Con esta tremenda desventaja hubiera transcurrido el periplo universitario de María Elena de no ser porque, durante su tercer año, el catedrático de Terapéutica Nicolás Carbó, decidió admitirla en sus clases, cediéndole un asiento especial en la tarima junto a su mesa. Sin embargo, la simpatía que despertó entre muchos profesores y alumnos no fue suficiente para que el sistema educativo evolucionara a la misma velocidad: aunque terminó su licenciatura en 1878, aún habría de aguardar cuatro largos años hasta que un 16 de marzo de 1882 una Real Orden de Alfonso XII le concediese el derecho a doctorarse en Medicina. Para entonces, aburrida de esperar, María Elena había cursado los estudios de magisterio, obteniendo los títulos de maestra elemental y superior, profesión a la que, tras ganar una oposición, se consagraría hasta su muerte en Mahón en 1905 a los 52 años.

Sin embargo, esa Real Orden, que también reconocía el derecho a doctorarse a Dolors Aleu i Riera, era, una vez más, un sonoro portazo tras una tímida apertura hacia la igualdad: si bien se admitía «que a las reclamantes y demás que se hallen en su caso, así como a las matriculadas hasta la fecha en estudios de Facultad [...] se les autorice para continuarlos y aspirar a los correspondientes Grados y Títulos académicos», se suspendía a continuación «la admisión de las Señoras a la Enseñanza Superior hasta tanto que se adopte una medida definitiva sobre el particular». No sería hasta el 8 de marzo de 1910, al poco de ser nombrada consejera de Instrucción Pública Emilia Pardo Bazán, cuando una nueva Real Orden vino a cerrar ese limbo legal autorizando por igual la matrícula de alumnos y alumnas. ¡Habían transcurrido veintiocho años!

Dolors Aleu i Riera pudo finalmente doctorarse un 8 de octubre de 1882, tan solo siete meses después de la publicación de la Real Orden. Se apresuró a hacerlo, como tantas otras en su situación, que hubieron de salvar con astucia y atrevimiento los obstáculos que les iban poniendo en su camino. Sin haber logrado aún su licenciatura por no tener reconocido su derecho a hacer el examen de grado, en 1881 Dolors logró que le permitieran matricularse en la Universidad de Madrid para poder cursar un doctorado sin saber si finalmente se lo permitirían obtener; y el 4 de abril de 1882 aprobó con una nota de excelente la licenciatura convirtiéndose en la primera licenciada en Medicina de la historia de España, para inmediatamente después doctorarse con una tesis sobre una cuestión que fue fundamental en su futura carrera profesional: la educación higiénico-moral de la mujer. Durante el cuarto de siglo en el que ejerció la medicina en una consulta propia en Barcelona, compaginó el desempeño de sus funciones con la promoción de la higiene doméstica, además de escribir numerosos artículos científicos en varias revistas especializadas hasta poco tiempo antes de fallecer en 1913.

Si Dolors fue la primera mujer licenciada en España, la primera en doctorarse fue, cuatro días antes que ella, su compañera Martina Castells Ballespí, tras haberse podido acoger también a los beneficios de la citada Real Orden. Martina, natural de Lleida y hermana, hija, nieta y bisnieta de médicos, obtuvo su título con una tesis sobre la educación física, moral e intelectual que, en su opinión, debían recibir las mujeres para contribuir «en grado máximo a su perfección y la de la Humanidad». Su original aún se conserva en la Biblioteca Histórica de la Universidad Complutense de Madrid. Tras ello marchó a Reus, donde abrió su propia consulta de pediatría, hasta que, a los pocos meses de llegar, fallecía un 21 de enero de 1884 a causa de una complicación durante el embarazo del que iba a ser su primer hijo.

Hasta 1910 tan solo treinta y tres mujeres más se licenciarían en España. Sirva el ejemplo de todas ellas, así como el de nuestras tres protagonistas, de recordatorio de que en la vida pocas cosas nos vienen regaladas. Y a las mujeres, aún menos.

En resumen, un variopinto grupo de mujeres pioneras en el ejercicio de la medicina en sus respectivos países. Como hemos ido viendo, compartieron muchas más características en común, entre ellas haber nacido en familias que se preocuparon por su educación y siempre las apoyaron en la medida de sus posibilidades, haber correspondido a ese cariño y sacrificios con una ingente capacidad de trabajo, y haber dedicado sus esfuerzos, una vez alcanzados sus objetivos profesionales, a mejorar la vida de sus contemporáneos, luchando con denuedo por los derechos de las mujeres o por el cuidado de los sectores sociales más desfavorecidos.

* * *

Mujeres, en fin, de muy diversas procedencias a las que se les exigió mucho más que a sus compañeros varones, pero no hubo escollo ni injusticia que lograse detenerlas. Tal vez porque, como dejó escrito Elisabeth Blackwell, nuestra primera protagonista, «no es fácil ser pionera pero... ¡es fascinante! No cambiaría un instante, ni siquiera el peor, por todo el oro del mundo».

PARA SABER MÁS

Alic, Margaret, El legado de Hipatia, Madrid, Siglo XXI, 2005.

Amozorrutia, Alina, 101 Mujeres en la historia de México, México, Grijalbo, 2011.Canuto da Boa Viagem de Andrade Costa, Hebe, Elas, as Pioneiras do Brasil: a Memorável Saga Dessas Mulheres, São Paulo, Scortecci, 2005.

Estrada Ruiz, Jenny María, Una mujer total. Matilde Hidalgo de Procel, Madrid,Santillana, 2004.

Fermandois, Joaquín y Stuven, Ana María, Historia de las mujeres en Chile, Madrid, Taurus, 2014, vol. I.

Flecha García, Consuelo, Las primeras universitarias de España, 1872-1912, Madrid, Narcea, 1996.

Marín, Guillermo Flavio, Mujer profana: Cecilia Grierson. Vida y pasión de la primera médica argentina, Buenos Aires, Universidad Abierta Interamericana, 2012.

https://mujeresconciencia.com/ [blog de la Cátedra de Cultura Científica de la Universidad del País Vasco]

GUERRA Y PESTE

La perla del Mar Negro

Situada en la costa suroriental de Crimea, la ciudad de Feodosia es, según el propio sitio oficial de Internet del Ministerio crimeano de Turismo, «famosa por sus interminables playas de arena con toda clase de entretenimientos». Efectivamente, sus playas jalonadas por infinidad de bares, discotecas y embarcaciones de alquiler para salir a pescar o bucear han hecho de Feodosia uno de los destinos favoritos para quienes optan por pasar sus vacaciones en el Mar Negro. Por no hablar de su historia, plasmada en algunos de sus edificios más singulares, como la iglesia armenia de San Sergio (Surb Sarkis) del siglo XIV o la fortaleza genovesa, de la que aún se conservan algunas torres y lienzos de muralla esparcidos por la ciudad. O la famosa Villa Stamboli, una majestuosa dacha construida entre 1909 y 1914 para el comerciante

Iosif Stamboli, una mansión cuyo ajetreado devenir fue fuente constante de sorpresas. En efecto, Stamboli tan solo pudo disfrutar de ella durante tres años: tras la Revolución de Octubre hubo de huir con su familia al extranjero, y el edificio se convirtió en nada menos que la sede local de la Checa —en su origen, acrónimo de «Comisión Extraordinaria Panrusa para la lucha con la Contrarrevolución y el Sabotaje», que con los años se transformaría en la KGB—. Después sería sanatorio para trabajadores —bautizado, por cierto, Iosif Stalin—, hospital para soldados y oficiales alemanes durante la Segunda Guerra Mundial y campamento para niños tras ella. En los años setenta alojaría el prestigioso Centro de Narcología Psicoterapéutica de la República Soviética de Ucrania y tras el colapso de la URSS, un restaurante, antes de convertirse (¿finalmente?) en el museo de arqueología submarina que es hoy día. Paseando por sus calles o disfrutando de sus playas, a ningún turista se le ocurriría pensar que Feodosia también está ligada a uno de los episodios más trágicos de la historia de la humanidad.

La del Khan de la Horda de Oro Jani Beg o Janibek debió ser una vida de contrastes, como pocas. Nacido de una de las muchas esposas del Khan Uzbeg —del que los uzbekos aparentemente habrían tomado su nombre, al convertirse al islam durante su reinado—, llegó al trono en 1342 tras asesinar a sus hermanos. Tanto al mayor, Tini Beg, que había sido coronado pocos meses antes de la muerte de su padre, como posiblemente también al menor, Khidir Beg, tal vez «por si acaso». Aun así, a tenor de las crónicas de la época, debió de ser un monarca sabio, además de mecenas, que supo mantener en relativa calma tanto su extensísimo reino, heredero de parte de las conquistas que en su día hiciera Gengis Kan, como los múltiples principados rusos a los que cobraba un tributo.

Villa Stamboli.

No obstante, al sur de sus tierras, un enclave genovés llamado Caffa —nombre que por entonces recibía

Feodosia— suponía un constante quebradero de cabeza para él y para sus arcas reales. Los genoveses se habían instalado allí un siglo antes merced a un acuerdo con sus antepasados, que buscaba el mutuo beneficio, pues los italianos se habían comprometido a cambio a tributar puntualmente un porcentaje de sus negocios. Pero las relaciones nunca fueron sencillas y los choques menudearon a lo largo de los años.

El obispo metropolitano Alexis sana a la reina tártara Taidula de la ceguera mientras Jani Beg mira, Yakov Kapkov (1816-54).

De hecho, ya entre 1343 y 1344 Jani Beg había tratado de rendir la ciudad sometiéndola a un cerco por tierra, solo roto cuando una escuadra genovesa desembarcó un contingente de tropas que derrotó a los atacantes y destrozó sus máquinas de asalto. Con sus casi seis mil casas tras las murallas y cerca de otras once mil fuera, Caffa, entonces llamada por los comerciantes italianos «la Reina del Mar Grande», era mucho más que un simple puesto comercial a medio camino entre Asia y la estepa y Europa. Por ella pasaban ingentes cantidades de pieles, cereales, esclavos o minerales, para gran beneficio de sus comerciantes, pero mucho menor provecho para la Horda de Oro de lo que Jani Beg consideraba justo. Así pues, en 1346 decidió sitiar de nuevo la ciudad, poniendo en esta ocasión mucho más cuidado en la organización de sus tropas para evitar un nuevo contraataque desde el mar. Esta vez, sin embargo, la amenaza no vendría desde las naves genovesas, sino desde su espalda: desde la lejana Asia Central y, presumiblemente, a lomos de ratas y pulgas.

La muerte negra

Según la opinión hoy día dominante, la pandemia de peste negra que en pocas décadas diezmaría la población de Asia, Europa y el norte de África se inició en el desierto del Gobi y su agente causal fue la bacteria conocida como Yersinia pestis. Este microorganismo afecta a los roedores, las ratas entre ellos, que hacen las veces de reservorios suyos, y a los parásitos que viven en ellos, en especial las pulgas, que cumplen la función de vectores de transmisión. Mientras abundan los roedores, las pulgas no necesitan de otras fuentes de alimentación, pero cuando aquellos se mueren masivamente, la sangre humana se convierte en una opción nutricia más para estos insectos, transmitiéndose con su picadura la enfermedad al ser humano. Algunos autores también subrayan la influencia del factor climático tanto en el desarrollo como en la difusión y perdurabilidad de la peste a lo largo del tiempo.

Médico vestido con el traje para protegerse de la peste en el siglo XVII. (Wellcome Collection. CC BY).

Un último factor posiblemente decisivo en su diseminación fue el comercio de pieles de marmotas —roedores también afectados por las mismas pulgas transmisoras del germen— a través de la Ruta de la Seda y otras, como la que suministraba bagajes a las tropas sitiadoras de Jani Beg. Sea como fuere, finalmente la peste llegó y se extendió por su campamento, acabando en poco tiempo con gran parte de sus hombres. Hasta tal punto que en pocas semanas el Khan fue consciente de que le sería imposible tomar la ciudad. En estas circunstancias, decidió vengarse de sus habitantes antes de retirarse.

A partir de este momento recurrimos a una crónica de los hechos escrita por Gabriele de Mussi, un notario de la ciudad italiana de Piacenza cuya narración se ha considerado históricamente fiable. Ciertamente, él jamás estuvo en Caffa, como algunos historiadores han mantenido. Podría haber viajado allí en 1346, pero no habla de los hechos en primera persona, en contraste con los sucesos que vivió

personalmente, sobre los que dice «es hora de que pasemos de este a oeste para discutir todas las cosas que nosotros mismos hemos visto». El relato de De Mussi estaría basado en los testimonios de quienes huyeron de la ciudad sitiada y viajaron a Italia contando lo que habían vivido. Así pues, con las lógicas reservas, podemos dar credibilidad a los hechos referidos, incluida la forma de venganza que urdió Jani Beg antes de levantar el sitio de Caffa:

> Allí, rodeados por un inmenso ejército, difícilmente podían respirar —se refiere a los habitantes de Caffa—, aunque se les podía enviar comida, lo cual les ofrecía

alguna esperanza. Pero he aquí que todo el ejército estaba afectado por una enfermedad que invadía a los tártaros y los mataba a miles y miles cada día. Era como si las flechas cayeran del cielo para golpear y aplastar la arrogancia de los tártaros. Todo consejo y atención médica era inútil; los tártaros morían en cuanto los signos de la enfermedad aparecían en sus cuerpos: hinchazones en las axilas o ingles causadas por humores coagulantes, seguidos por una fiebre pútrida. Los tártaros moribundos, aturdidos y estupefactos por la inmensidad del desastre causado por la enfermedad, y al darse cuenta de que no tenían esperanza de escapar, perdieron el interés en el asedio. Pero ordenaron que los cadáveres fueran colocados en catapultas y lanzados a la ciudad con la esperanza de que el hedor intolerable matase a todo el mundo. Lo que parecía una montaña de muertos fue arrojado a la ciudad, y los cristianos no pudieron esconderse ni huir de ellos, aunque arrojaron tantos cuerpos como pudieron al mar. Pronto los cadáveres podridos contaminaron el aire y envenenaron el suministro de agua, y el hedor era tan abrumador que apenas uno de varios miles estaba en condiciones de huir de los restos del ejército tártaro. Además, un hombre infectado podría llevar el veneno a otros, e infectar a personas y lugares con la enfermedad solo con la mirada. Nadie sabía ni podía descubrir un medio de defensa.

Vamos, que viendo Jani Beg que no podría tomar la ciudad, decidió bombardearla con los cadáveres de sus propios hombres con la esperanza de que su enfermedad se extendiese entre la población sitiada. La narración

—escrita poco tiempo después y ampliamente conocida y difundida desde entonces— no permite dudar acerca de la intencionalidad del Khan de propagar aquel mal que había sembrado la muerte entre sus filas, en lo que cabría interpretar retrospectivamente como uno de los más tempranos ejemplos documentados de guerra bacteriológica. Sin embargo, a partir de este punto nos surgen dos interrogantes: el primero es si, además de querer extender la enfermedad, Jani Beg logró efectivamente favorecer su extensión. Autores como el microbiólogo ruso y coronel del servicio médico retirado Mikhail Supotnitsky creen que la difusión de la peste se debió a causas naturales y que se hubiese terminado extendiendo con o sin bombardeo de cadáveres. En cambio, a juicio del también microbiólogo y profesor de la Universidad de California en Davis Mark L. Wheelis, el contacto de los defensores con los cadáveres al tratar de arrojarlos al mar pudo «haber sido un medio eficaz de transmisión de la peste a la ciudad». Con más probabilidad que la transmisión natural a través de las ratas, pues los nidos de las que habitaban en la ciudad y los de las que vivían en el campamento enemigo podían haber llegado a estar separados por un kilómetro, dificultando enormemente el contacto entre ellas y sus parásitos. En todo caso, es seguro que la infección no se debió a que, como defiende De Mussi, los «cadáveres podridos contaminaron el aire», a través de lo que hasta la llegada de la bacteriología a finales del siglo XIX se conocía como «miasma», es decir, efluvio dañino emanante de la materia orgánica en descomposición que corrompía el aire.

El segundo interrogante es si, aun habiendo logrado infectar de peste la ciudad de Caffa, fue desde su puerto desde donde la enfermedad se extendió al resto del Mediterráneo primero y de Europa después, como se ha venido sosteniendo. Ello plantea más interrogantes, pues aunque parece claro que la peste llegó a Europa desde Crimea, Caffa no era el único puesto comercial del Mar Negro, y de todos ellos pudieron partir barcos infestados de ratas repletas de pulgas. Además, el «mal pestífero» tardó varios meses aún en llegar a Constantinopla y a las villas italianas, muchos más de los que duraba el trayecto en barco de Caffa a Génova.

El triunfo de la muerte, 1446.

Sería, pues, exagerado cargar sobre la memoria de Jani Beg la posterior difusión al resto de Europa de la peste negra, donde sus efectos serían tan devastadores como ya lo habían sido en Asia, matando nada menos que entre un cincuenta y un sesenta por ciento de la población. Si realmente influyó, el bombardeo de Caffa tuvo un impresionante (y criminal) éxito al producir una enorme mortandad entre sus defensores. Si bien no es menos cierto su nulo valor estratégico, pues la ciudad permaneció en manos genovesas hasta 1475, cuando debieron abandonarla ante el empuje del Imperio otomano.

La culpa, del vecino

Indudablemente, la altísima tasa de mortandad que trajo consigo la peste negra tuvo un impacto psicológico brutal sobre la población europea superviviente. Europa tardaría dos siglos en alcanzar la población que tenía hacia 1346; y si en países como Francia pudo morir la mitad de la población, en ricos y superpoblados núcleos urbanos como Venecia o Florencia pudo llegarse a más del 70%. Y todo esto por culpa de un mal que afectaba tanto a pobres como a poderosos (por más que los sectores acomodados pudieran defenderse mejor poniendo tierra de por medio), del que se desconocían sus causas y para el que no había ningún remedio claro. Mientras algunos contemporáneos atribuían directamente su origen a un castigo divino, otros subrayaban su relación con conjunciones de planetas o con efluvios telúricos derivados de terremotos o erupciones volcánicas. O incluso veían tras la epidemia la pérfida mano de comunidades estigmatizadas, como los judíos. De hecho, fueron víctimas de innumerables pogromos a lo largo y ancho de toda Europa, lo que llevó al propio papa

Clemente VI a publicar en 1348 dos bulas en su defensa con el simple pero lógico argumento de negar que fueran ellos los causantes de la enfermedad puesto que también caían enfermos y la peste estallaba igualmente en pueblos y ciudades donde esta comunidad no estaba presente. Aconsejado por sus médicos, el propio Clemente VI optó por pasar el momento más crítico de la pandemia, en el verano de 1348, sentado junto a unas hogueras cuyos fuegos eran constantemente alimentados.

La Danza de la Muerte de Michael Wolgemut, 1493.

Un sorprendente remedio cuya aparente eficacia cabría relacionar con que el calor del fuego mantuvo a distancia a las pulgas que podían haberlo contagiado. Ello no impidió, sin embargo, que miles de judíos fueran asesinados ante la impotencia, cuando no franca pasividad, de autoridades civiles y religiosas en numerosos lugares de toda Europa. Un clima de pánico, desconcierto y odio al «otro» que desgraciadamente no sería la última vez que se produciría a lo largo de la historia.

Como, por ejemplo, en el verano de 1495, mientras el Ejército de Carlos VIII de Francia se retiraba del norte de Italia tras la batalla de Fornovo y las tropas del Gran Capitán plantaban cara al resto de sus hombres en el sur. Eran los primeros compases de las Guerras italianas que sacudirían intermitentemente a la península itálica durante más de sesenta años, como también los de una nueva enfermedad que se manifestó entre la población italiana primero, y de todo el continente poco después. Una nueva enfermedad que un médico contemporáneo, el castellano Francisco López de Villalobos, describiría en verso de esta forma: «Haze al hombre indispuesto y gibado / e oscúrese el color aclarado / es muy gran vellaca y así a començado, / por el más vellaco lugar que tenemos». Con esta última expresión, Villalobos se refería a los órganos sexuales, como la parte corporal donde primero aparecían los síntomas de la enfermedad: unas enormes pústulas que luego cubrían todo el cuerpo de los enfermos, acompañándose de fuertes dolores óseos y articulares. Una vez más proliferaron numerosas teorías para explicar su causa. Aunque con el tiempo sus síntomas acabaron atribuyéndose a un contagio venéreo, no fueron pocos quienes en los inicios achacaron su origen a un castigo divino contra reyes cristianos por preferir combatir entre ellos en lugar de enfrentarse a los infieles; y también, de paso, contra la galopante lujuria de sus súbditos. Hubo quienes situaban su causa en una conjunción planetaria entre Marte y Saturno, cuyo final en 1504 auguraban que comportaría también la desaparición del nuevo mal, pese a lo cual este prosiguió su expansión con tanta o más virulencia en los años subsiguientes.

Ni italianos ni españoles dudaron en situar en Francia y sus tropas el origen de este azote que Villalobos calificaba de «pestilencia no vista jamás, perversa y cruel sin compás», y que pronto comenzaría a conocerse como «mal francés». Es más, en un ejercicio de tino sin parangón, el médico siciliano Niccolò Scillacio, otro de sus primeros estudiosos, sostenía que el foco de la infección estaba en la región de Narbona, que calificaba de «monstruosa y pestilente provincia». Naturalmente, la atribución del origen del nuevo mal a Francia no gustó nada a los franceses, que prefirieron llamarla «mal napolitano», o sencillamente «mal italiano» —a fin de cuentas allí había sido donde se habían contagiado sus modélicas tropas—, iniciando de paso la moda tan popular como la propia enfermedad de echarle la culpa de la enfermedad al vecino. De ahí que los alemanes la llamaran «frantzosen Pocken» y los ingleses, «French Pox». Belgas y holandeses, en cambio, prefirieron llamarla «Spaanse Pocken» o «mal español», un nombre también popular entre los norteafricanos y mauritanos. Asimismo, los portugueses gustaron de identificar la nueva enfermedad con sus vecinos del otro lado de la raya, aunque para evitar confusiones —no en vano Portugal había sido tan parte de la Hispania romana como Castilla o Aragón—, atinaron con precisión de cirujano: «mal castellano».

Les sirvió de poco, pues en cuanto la enfermedad llegó a las Indias Orientales y a Japón —muy probablemente a bordo de barcos portugueses—, el nombre que le dieron sus habitantes fue precisamente el de «mal portugués». Los turcos, relativamente alejados de los italianos, franceses, portugueses o españoles e igualmente enfrentados a todos ellos, optaron por la practicidad de meterlos a todos en el mismo saco, llamándola «mal de los cristianos», un nombre que también caló entre muchos pueblos africanos. No así entre sus vecinos los persas, que prefirieron llamarla «mal de las turcas». Mientras polacos y rusos miraron a su occidente para bautizar a la enfermedad como «mal de los germanos», los polacos, y «mal de los polacos», los rusos.

La nueva enfermedad, en resumen, que solo a partir del siglo XIX comenzaría a ser conocida como «sífilis» — recurriendo al neologismo creado en 1530 por el médico y poeta veronés Girolamo Fracastoro—, provocó desde su irrupción un absoluto consenso en dos puntos: era un mal terrible... y culpa del vecino, claro.

Los males europeos

A finales del siglo XV, la nueva enfermedad solía tratarse mediante el uso combinado de sangrías, ungüentos, lociones y otros preparados medicinales. Todo ello con el propósito de eliminar la «materia morbífica» que, conforme a las concepciones humoralistas del cuerpo humano propias de la medicina de la época, causaba el mal. Primero se sangraba a los pacientes y, cuando se juzgaba que ya habían expulsado esta materia suficientemente, se les hacía sudar como modo de expulsar el resto. El principal ingrediente de los preparados medicinales era el mercurio, un remedio muy socorrido en la Edad Media para tratar todo tipo de afecciones cutáneas y que, como metal o en forma de sales, siguió empleándose para el mal francés durante siglos. A partir de la segunda década del siglo XVI se difundió por Europa, con gran popularidad, un nuevo remedio de origen americano: el guayaco o palo santo. La madera de guayaco se hervía triturada y las tres sustancias resultantes se administraban por distintas vías: la espuma se aplicaba, una vez reducida, a las lesiones de piel y mucosas; la solución concentrada se ingería por la boca a intervalos regulares como ingrediente principal del tratamiento; y una solución rebajada resultante de volver a hervir la madera con más agua se tomaba acompañando a las comidas.

Ambos remedios servían al doble propósito de estimular la evacuación por diversas vías (incluida la salivación en el caso del mercurio) de los humores supuestamente causantes de la enfermedad, y de absterger la piel y mucosas de los pacientes. Se administraban en lugares muy calientes a fin de potenciar la sudoración como modo, a su juicio, de acelerar la eliminación de la materia morbosa; un proceso que se daba por concluido cuando las lesiones desaparecían de piel y mucosas. Estos remedios se aplicaban por espacios de una semana a un mes o incluso más, una o más veces por día. Uno de los procedimientos más socorridos consistía en introducir al enfermo, recubierto de lana, en una estufa seca construida con un tonel de vino, lo bastante grande como para que el paciente cupiera sentado en un taburete perforado y que se apoyaba sobre un lecho de arena con piedras calientes en su interior. Y esto durante nada menos que cinco días, y además ¡en ayunas!

La costumbre de echar las culpas al vecino en nada ayudó a encontrar el origen preciso del mal venéreo, una cuestión aún no del todo resuelta hoy día. La hipótesis quizás más popular ubicaría en la isla La Española o de Santo Domingo el origen de la enfermedad. Desde allí habría sido llevada a España por los hombres de Cristóbal Colón tras sus primeros viajes y de allí a Nápoles, donde en 1494 habría infectado a las tropas francesas. Esta hipotética circunstancia contrasta con el patrón de diseminación de enfermedades a lo largo y ancho del globo terráqueo, ya que los datos de mortandad en Europa y América tras la llegada de los conquistadores españoles en 1492 nos muestran que el Nuevo Mundo se llevó la peor parte. Es más, como Jared Diamond ha sostenido recientemente, las enfermedades transmisibles a las que no habían estado expuestas las comunidades precolombinas, y frente a las cuales eran, por tanto, vulnerables, constituyeron un factor determinante en el posterior dominio colonial de los europeos. Algunos científicos han descalificado las teorías de Diamond por adolecer de un marcado determinismo geográfico y ambiental, restando importancia a otros factores más ligados a la agencia humana, si bien en este punto su opinión va aparentemente en la dirección correcta.

Ello aconseja ir más allá de la denuncia de la explotación a la que fueron sometidos los indios americanos por parte de los primeros conquistadores, lanzada desde un primer momento por el fraile dominico Bartolomé de las Casas, quien había llegado a América en 1502, o por el menos conocido fray Antonio de Montesinos, precisamente quien concienció a De las Casas en la defensa de los indígenas. Como también a cuestionar la «leyenda negra» urdida por personajes tan célebres como Guillermo de Orange o Federico II de Prusia y que, conforme al autorizado juicio de Philip Wayne Powell, inflaron las ya de por sí exageradas cifras dadas por De las Casas en su Brevísima relación de la destrucción de las Indias. Ciertamente, aunque millones de indígenas americanos no muriesen a manos de los primeros conquistadores españoles, sí que murieron a causa de la llegada de estos. Aún hoy día es motivo de enconados debates el número total de habitantes que podían vivir en el conjunto de América a finales del siglo XV, con oscilaciones de varios millones entre unos cálculos y otros, si bien existe un consenso generalizado en que se produjo una enorme mortandad y que esta no puede achacarse únicamente a la crueldad del sistema impuesto por los «descubridores». Como bien ha apuntado Henry Kamen, aunque estos hicieron gala de una incontrovertible crueldad, despiadada y brutal, no «tenían interés alguno en destruir a los nativos; hacerlo, evidentemente, habría socavado su institución básica, la encomienda». Habremos, pues, de achacar a otra causa —obviamente agravada por la crueldad del sistema colonial— la efectiva «destrucción» de millones de vidas, que autores como Jared Diamond sitúan por encima del 90% del total de habitantes del continente hacia 1491.

En efecto, durante las primeras décadas del siglo XVI impactaron en las poblaciones nativas del Nuevo Mundo enfermedades epidémicas totalmente nuevas para ellos. Entre 1518 y 1519 se desató en Santo Domingo una epidemia de viruelas que acabó con la práctica totalidad de la población indígena. Esta afección sería introducida por los hombres de Hernán Cortés también en el continente causando una enorme mortandad tanto en Guatemala como en el Imperio inca. A ella la seguirían en las décadas siguientes epidemias de afecciones diversas, unas tradicionalmente identificadas con enfermedades como el sarampión, el tifus y la gripe, y otras como el misterioso cocoliztli cuya identidad sigue siendo objeto de interminables controversias. En suma, en el plazo de unas décadas los habitantes originarios de América se vieron expuestos a una carga de microorganismos patógenos similar a la que los euroasiáticos habían venido enfrentándose desde hacía miles de años, con unas consecuencias devastadoras pues su sistema inmunitario no estaba preparado para ello.

El proceso de globalización de las enfermedades transmisibles ni comenzó ni concluyó entonces. La creciente interconexión entre las distintas poblaciones del planeta explica que haya persistido hasta nuestros días el riesgo de nuevas epidemias; como también permite explicar que puedan resurgir los más atávicos miedos humanos, como la sospecha de una mano negra, como causa deliberada de nuevas epidemias. Quedó tristemente demostrado, por ejemplo, en el Madrid de 1834.

El cólera y la cólera

El cólera es una enfermedad transmisible intestinal aguda, causada por una bacteria, el Vibrio cholerae, presente en alimentos y aguas que han sido previamente contaminados por heces fecales. De ahí que afecte con especial crudeza a aquellas comunidades carentes de redes de saneamiento adecuadas en lo relativo tanto al suministro de agua como a la eliminación de residuos, sobre todo los orgánicos. Las poblaciones desnutridas o mal alimentadas se ven particularmente castigadas. El cólera era sobradamente conocido en la India desde hacía siglos, hasta el punto de poderse considerar como endémica en esas tierras. En 1817, sin embargo, se produjo un brote aparentemente más virulento que los anteriores que, partiendo de la ciudad de Calcuta, se extendió a lo largo de todo el sur de Asia llegando a Japón, a Filipinas y a amplias zonas del Imperio otomano, causando a su paso millares de muertes. En 1826, se produjo una segunda pandemia que, teniendo una vez más su origen en la India llegó a Rusia, pasando desde allí a Europa oriental y por mar al Reino Unido. A la península ibérica llegaría finalmente en torno a 1833 por varias vías casi simultáneas: el primer brote se produjo en el puerto de Vigo en enero, donde podía haberla llevado un barco británico, pero al poco se observaron también casos en Barcelona, Andalucía y Portugal.

De esta manera, pese a los esfuerzos de las autoridades que establecieron cinturones sanitarios para frenar su diseminación, el cólera se extendió poco a poco por toda la península. La situación se agravó tras la orden de traslado a las provincias vascas del contingente militar español que había estado luchando en la guerra de sucesión portuguesa, para enfrentarse a las partidas del general Zumalacárregui, a quien volveremos más adelante. Así, a la sangría provocada por la que pasaría a la historia como primera guerra carlista se unió el cólera con sus desastrosos efectos en cuestión de meses. Además, pronto se sumarían a ambos los efectos de los oscuros intereses de unos pocos y el miedo de la mayoría de la población.

Joven vienesa de 23 años, en estado sano y cuatro horas antes de morir víctima del cólera (Wellcome Collection. CC BY).

Ciertamente, la forma de manifestarse de la enfermedad era como para temerla. De pronto, alguien que dos días atrás se encontraba perfectamente, comenzaba a experimentar diarreas acuosas graves acompañadas de marcados signos de deshidratación. Obviamente, el agua, la misma agua que había transmitido la enfermedad, no ayudaba a las víctimas en absoluto. El sufrimiento por tanto era terrible, antes de que, al cabo de pocos días, la muerte sobreviniese al paciente sin que nada ni nadie pudiese evitarlo. En Madrid, el miedo a un final tan atroz desató una ola de psicosis colectiva que llevaba a buscar un chivo expiatorio sobre quien descargar la pesada angustia colectiva que entonces embargaba a la población de la ciudad.

La multitud se lanzó a la caza de todo tipo de marginados sociales a quienes acusaban de envenenar las fuentes de la villa, llegando a asesinar a un joven vagabundo. ¿Pero acaso no habría algún agente más poderoso que manejara a aquellos mendigos? Pronto la gente comenzó a apuntar a los frailes, muchos de ellos teóricamente partidarios en la sombra del sublevado pretendiente carlista. En las memorias de Cayetano Navarro de Cea, un abogado de los Tribunales Nacionales, del Colegio de la Villa de Madrid y de los Reales Consejos, se relatan expresivamente los acontecimientos que tuvieron lugar los días 17 y 18 de julio de aquel año y de los que fue testigo presencial:

> Me hallaba en mi casa la mañana del día 17 de julio de 1834 leyendo en los papeles públicos la triste relación de desgracias que causaba en algunos barrios de la Capital la funesta epidemia conocida por Cólera morbo asiático, que el día anterior había desplegado con espantosa actividad su mortífero influjo. La consternación que me causaban tan infaustas noticias se aumentó extraordinariamente al oír los gritos de «Mueran los frailes, estamos vendidos, nos van a

envenenar a todos; la gran mortandad de ayer y hoy no procede del cólera, sino de un tósigo activo que han echado en las fuentes: hay sujetos pagados por los frailes para mezclar el ingrediente fatal en las Cubas de los Aguadores: acaba de prender la Policía a un muchacho y dos hombres con paquetes de polvos envenenados, en la Fuente de Puerta Cerrada: los frailes, los frailes son los que proyectan esta horrible trama, para que volando la noticia de una gran mortandad a las provincias, aterrados los Procuradores no acudan a la Capital».

Efectivamente, los procuradores habían sido llamados a Cortes para dar una carta de legitimidad al Estatuto Real que literalmente se había sacado de la manga el presidente del Consejo de Ministros —equivalente aproximado a un presidente del Gobierno de hoy día— Martínez de la Rosa. Este, en efecto, lo había redactado haciendo no pocos equilibrios entre el absolutismo y el liberalismo con el fin de tener contentos a moderados y exaltados, aunque finalmente lograra justo lo contrario. En estas circunstancias, parece lógico pensar que se buscase impedir la llegada de estos procuradores, como proclamaban los instigadores del bulo. Pero sigamos con la narración de Navarro de Cea:

> Estos gritos de alarma me llenaron de espanto y confieso que se me erizaron los cabellos. Salí de casa y en las calles principales advertí varios corrillos y grupos de gentes que repetían casi lo mismo. Se notaba gran inquietud y mucha confusión (…). Los Aguadores llenos de miedo no permitían a nadie acercarse a las fuentes. Por la tarde se recargó la conmoción y reventó la ruina. En la Puerta

del Sol asesinaron a uno de los envenenadores y como me informó un amigo, testigo presencial del hecho, era un infeliz criado que se acercó a coger agua a los Caños de la Mariblanca y los aguadores se lo impidieron. Este asesinato fue la señal del combate. Advertí un inmenso gentío en la Calle de Toledo y viendo que conducían a un cadáver en unas angarillas, me acerqué al corro y noté que era un pobre donado o lego de San Francisco, lleno de sangre y estocadas, con la cabeza dividida en tres o cuatro rebanadas, porque según decían le cogieron in fraganti con el veneno (...). Crece el alboroto y se redoblan los gritos de muerte. Sitian el Colegio Imperial de la Compañía de Jesús de San Isidro. Allí, según decían, estaba el depósito o provisionado de paquetes de polvos fatales. Varios religiosos aturdidos quisieron salir disfrazados a la calle y al punto fueron víctimas de la atroz barbarie. Rompen las puertas, destrozan cuanto encuentran; un confuso tropel de hombres (...) y soeces de ínfima plebe se introducen por los claustros, asesinan sin piedad a los infelices religiosos (...) y aquella horda de forajidos, cual manada de lobos hambrientos, buscaban por todas partes presa que devorar. De allí se dirigieron al Convento de Predicadores Dominicos de Santo Tomás, degüellan a sangre fría a los inermes religiosos (...). Robos, muertes, desgracias inauditas se vieron en la Calle de Atocha. La noche puso tregua a tan sangrienta escena. Horrorizados de cuanto habíamos visto, nos retiramos persuadidos de que cesarían los desórdenes, porque según todos aseguraban nada habían hallado en los Conventos que pudiera dar algún colorido a los excesos. Nada, ni aun remotamente, se encontró que justificara los delitos que se imputaban a los religiosos, pues a pesar de que los asesinos se esforzaban en persuadir con horribles alaridos, que en los Jesuitas se habían cogido millares de paquetes de polvos envenenados, ningún hombre sensato les prestó la menor atención, nadie creyó tan ridícula patraña (…). Entre 10 y 11 de la noche se renuevan los gritos con doble furia. San Francisco el Grande, los Religiosos mendicantes (…) no se libraron del furor de los que habían jurado la muerte y exterminio de los Institutos Religiosos. Cercan los conventos por todas las partes, rompen las puertas, introducen la sangre y devastación en las humildes celdas (…). El templo santo y magnífico fue profanado, la sangre corrió por el recinto y los que huyeron espantados por las calles inmediatas cayeron heridos sacrílegamente. El clamor triste de las campanas pidiendo socorro, los horribles gritos de la chusma que discurría por las calles con teas encendidas, la oscuridad de la noche, el estruendo de los tiros, el movimiento de las tropas, todo formaba el más terrible e imponente contraste. Hartos de sangre y de crímenes se dirigen al Convento de Ntra. Sra. de la Merced, donde emplearon lo que restaba de aquella noche fatal (…) degollando sin piedad a los religiosos indefensos (…). Luego se dirigieron al Convento de Atocha, pero la Autoridad los atajó.

Realmente los atajó solo de modo relativo pues, más allá de la publicación del bando «madrileños: las autoridades velan por vosotros, y el que conspire contra vuestras personas, contra la salud o el sosiego público, será entregado a los tribunales y le castigarán las leyes», las autoridades hicieron poco o nada por imponer la calma. Tanto fue así que el propio Martínez de la Rosa hubo de destituir a los responsables del orden público poniendo en su lugar a otros nuevos, que ya sí lograron instaurar la calma... después de que más de setenta frailes hubieran sido asesinados.

Institución médica para enfermos de Cólera durante la Primera Guerra Mundial.

Si en 1834, gracias a los rumores interesados de una minoría, el pueblo de Madrid atribuyó el brote de cólera a los clérigos, en 1918 toda la humanidad acabaría vinculando, a causa de la censura de guerra, una de las pandemias más mortíferas de la historia con toda una nación.

La gripe española

En marzo de 1918 la Primera Guerra Mundial llevaba contabilizados ya más de diez millones de muertos tras casi cuatro años de ininterrumpida carnicería. Aun así nadie era capaz de adivinar cuándo o cómo podría ponerse fin a aquella locura. Los agotados contendientes seguían buscando un golpe maestro que rompiese el frente, y esta vez sí pareció que los alemanes habían dado con la clave: el día 21, cuando aún no se habían cumplido tres semanas desde la firma de las draconianas condiciones de la Paz de Brest-Litovsk que pusieron fin a la participación en la guerra de la recién creada Rusia soviética, setenta y dos divisiones germanas, muchas de ellas traídas directamente desde el frente del este, trataron de atravesar las líneas aliadas en el norte de Francia en la que fue conocida como Operación Michael. Estuvieron cerca de lograrlo pero, pese a los impresionantes progresos iniciales, al cabo de unas semanas de duros enfrentamientos el frente quedó nuevamente estabilizado a unos pocos kilómetros de su punto de partida tras otro sangriento tributo de varias decenas de millares de vidas. Después de este fracaso alemán, los más optimistas comenzaron a augurar que la guerra habría de terminarse en 1919 o 1920 a más tardar. Cansados ya de casi un lustro con estas cantinelas, los más pesimistas, en cambio, lo dudaban. Lejos estaban todos de imaginar que a miles de kilómetros de los campos de batalla se estaba gestando una pesadilla mucho peor.

Demostración en la Estación de Ambulancia de Emergencia de la Cruz Roja en Washington, DC, durante la pandemia de gripe de 1918.

Se trataba, en concreto, de las instalaciones que desde mediados del siglo XIX tenía el Ejército de los EE. UU. en Fort Riley, Kansas. A los apasionados del cine bélico les interesará saber que este acuartelamiento, hoy día conocido como The Home of the 1st Infantry Division, la Big Red One, en 1980 lo llevaría a la gran pantalla Samuel Fuller con un Lee Marvin sencillamente genial en su papel de sargento. Pero también, y de forma simultánea, de China y Japón. Nos referimos a una forma de gripe desconocida hasta entonces y cuyo agente causal pudo tipificarse en 2001 como el Influenzavirus A del subtipo H1N1. En abril de 1918, la enfermedad se había generalizado en estos países y extendido a Francia. Sin embargo, aún transcurrirían algunas semanas antes de que se hablase abiertamente de la pandemia; en concreto, solo después de su diseminación entre mayo y agosto por España, un país no beligerante en la Gran Guerra. Al no encontrarse su prensa sujeta a la estricta censura militar de los países contendientes, el tema fue tratado con mayor libertad, de manera que haciéndose eco de la epidemia en España algunos medios extranjeros comenzaron a llamarla «la gripe española».

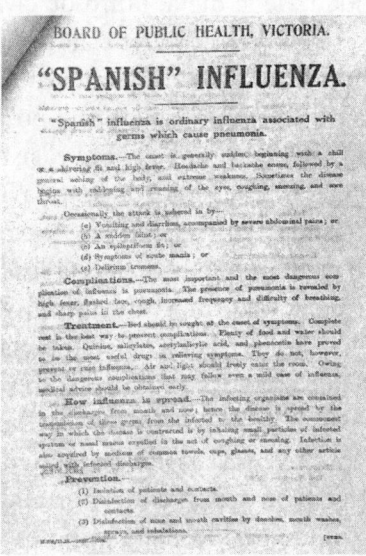

Folleto sobre la gripe española, 1918 (Australia).

Una vez más a lo largo de la historia, los miedos y odios de la población aventaron las teorías más descabelladas, como la de que agentes alemanes habían introducido en conservas españolas bacilos patógenos. Eran, en todo caso, miedos y fronteras de los que el virus no entendía, extendiéndose a velocidades de vértigo a lo largo y ancho del planeta. A ello también contribuía el hecho singular de que esta gripe, en lugar de afectar sobre todo a niños y ancianos, como las anteriores, incidía con fuerza entre los jóvenes y adultos sanos. Tampoco animales domésticos como perros o gatos se libraron de su virulencia. Su poder devastador se vio multiplicado por el efecto que tan larga guerra había tenido en el deterioro, en calidad y cantidad, de la dieta, tanto de civiles como de militares. Por otra parte, su potencial destructivo se vio favorecido por el constante movimiento de tropas por todo el mundo y quizás también por un posible efecto de los ataques con armas químicas sobre el sistema inmune de los soldados. Lo peor, con todo, todavía estaba por llegar: una segunda ola epidémica, extremadamente letal, que brotó casi simultáneamente a finales de agosto en puntos tan distantes como Boston en los EE. UU., Brest en Francia y Freetown en Sierra Leona, se difundió por todo el planeta durante el otoño siguiente. Y aun antes de la extinción de la pandemia a mediados de 1919, se produciría una tercera oleada de malignidad similar, aunque no tan general y de menor mortalidad.

Actualmente se estima que «la gripe española» y sus complicaciones clínicas causaron la muerte de entre cincuenta y cien millones de seres humanos, aproximadamente entre un 10 y un 20% del total de infectados y tal vez un 5% del conjunto de la población mundial. Más de cuatrocientos mil franceses o japoneses y por encima del 20% de las poblaciones de lugares tan remotos como Tahití o Samoa perdieron sus vidas en cuestión de semanas. Un silencioso y terrible rastro de muerte ante el que palidece incluso el provocado por la enorme y estúpida carnicería que fue la Gran Guerra.

Biólogos españoles y el microbio de la gripe (España, 1918).

En resumidas cuentas, a lo largo de la historia no han sido pocos los intentos deliberados de propagar enfermedades transmisibles o las ciegas venganzas que su desencadenamiento ha comportado. Sin embargo, las pandemias extendidas involuntariamente por los propios seres humanos han sido, con mucho, las más nocivas.

PARA SABER MÁS

Arrizabalaga, Jon, «Los médicos valencianos Pere Pintor y Gaspar Torrella, y el tratamiento del mal francés en la corte papal de Alejandro VI Borja», en AA. VV., El hogar de los Borja, Valencia, Generalidad de la Comunidad Valenciana, 2001, pp. 141-158.

– «La identidad de la peste en la Europa del Antiguo Régimen», en Flocel Sabaté (ed.), La asistencia a l'Edat Mitjana, Lleida, Pagès Editors, 2017, pp. 169-181.

Cabanellas, Lucía M., «La gripe española, la misteriosa epidemia que el mundo censuró por mirar hacia las trincheras», ABC, 15 marzo 2016: http://www.abc.es/historia/abci-gripe-espanola-pandemia-201603141910_noticia.html

Delumeau, Jean, El miedo en Occidente, Madrid, Taurus, 2012.Diamond, Jared, Armas, gérmenes y acero: breve historia de la humanidad en los últimos trece mil años, Barcelona, Debate, 2006.

Encinas, Vicente M., «Testimonio inédito de los sucesos de Madrid de 1834», Diario de León, 28 febrero 2010: http://www.diariodeleon.es/noticias/filandon/testimonio-inedito-sucesos-madrid-1834_510999.html

Guevara Flores, Sandra Elena, La construcción sociocultural del cocoliztli en la epidemia de 1545 a 1548 en la Nueva

España, Barcelona, Tesis doctoral, Universitat Autònoma de Barcelona, 2017: https://ddd.uab.cat/record/187697

Horrox, Rosemary, The black death, Manchester, Manchester University Press, 1994.

Kamen, Henry, Imperio. La Forja De España Como Potencia Mundial, Madrid, Aguilar, 2003.

Powell, Philip W., El árbol del odio: la Leyenda Negra y sus consecuencias en las relaciones entre Estados Unidos y el mundo hispánico, Madrid, José Porrúa Turanzas, 1972.

Rothschild, Bruce M., «History of Syphilis», Clinical Infectious Diseases, 40(10), 2005, 1454-1463: https://academic.oup.com/cid/article/40/10/1454/308400

Schmid, Boris V. et al., «Climate-driven introduction of the Black Death and successive plague reintroductions into Europe», Proc Natl Acad Sci U S A, 112(10), 2005: 3020-3025: https://www.ncbi.nlm.nih.gov/pmc/articles/PMC4364181/

Wheelis, Mark L., «Biological Warfare at the 1346 Siege of Caffa», Emerging Infectious Diseases, 8(9), 2002, 971-975: https://wwwnc.cdc.gov/eid/article/8/9/01-0536_article

Retrato de Luis I de España (1707-1724).

LOS ENEMIGOS DE LA MUERTE

La muerte roja

El 31 de agosto de 1724 fallecía en Madrid a la edad de diecisiete años, y tras un reinado de tan solo 229 días, el más breve de la historia de España, Luis I de Borbón. Uno más en la larga lista de personajes ilustres muertos a causa de la misma enfermedad que también había llevado a la tumba en 1646 a Baltasar Carlos de Austria, hijo de Felipe IV y heredero de todos los infinitos reinos y señoríos que integraban la monarquía hispánica a mediados del siglo XVII. O medio siglo después, a María II de Inglaterra, Escocia e Irlanda, la hija protestante del último rey católico de la Gran Bretaña: Jacobo II. O pocos años después, en 1722, a Kangxi, cuarto emperador de la dinastía Qing. O al también emperador, aunque en su caso de Japón, Go-Kōmyō Tennō, muerto en 1654. O mucho antes, en el 754, al primer califa abasí, Abul 'Abbas al-Saffaḥ. O muchísimo antes aún, allá por el 1143 antes de nuestra era, al cuarto faraón de la XX dinastía de Egipto, Ramses V. Esta larga lista, sin embargo, palidece ante la de las anónimas víctimas del mismo mal, que únicamente puede hacerse por millares o centenares de millares, como los 30.000 muertos que dejó en París entre 1716 y 1723, o los aproximadamente 400.000 fallecidos anuales que se calcula que dejaba solo en Europa a finales de ese mismo siglo XVIII; o por millones, como los millones de indígenas americanos, imposible precisar cuántos, muertos por su causa a raíz de las sucesivas oleadas que asolaron el continente a lo largo del siglo XVI. Todos ellos, en fin, fallecidos a causa de una enfermedad tan antigua como nociva, si bien hoy día ya erradicada: la viruela.

El nombre de viruela viene del adjetivo latino *varius*, «variado», como variadas eran las erupciones que cubrían la cara y cuerpo de los infectados por el *variola virus*, su agente causal. Un virus no necesariamente mortal, aunque de una considerable letalidad: se calcula que fallecía uno de cada tres enfermos infectados por su variante clínica más peligrosa, la *variola major*. Además, muchos supervivientes podían sufrir severas complicaciones cerebrales o articulares así como infecciones en piel y ojos, entre otras. Eso sin olvidar las características cicatrices que marcaban sus rostros de por vida «convirtiendo —en palabras del historiador británico del siglo XIX Thomas Macaulay— al niño en un monstruo ante el que la madre se estremecía, tornando los ojos y las mejillas de las muchachas adorables en objetos de horror para sus amantes». Para colmo no se conocía tratamiento curativo alguno. Quien enfermaba solo podía afrontar la enfermedad poniendo todas sus esperanzas en sobrevivir. Una terrible condena para el convaleciente y un riesgo no menos terrible para quienes lo cuidaban, pues era precisamente durante la fase que iba desde la primera erupción hasta la caída de la última de las costras —casi tres semanas— cuando mayor era el riesgo de contagio, sea a través de la saliva del enfermo, sea por el contacto con sus sábanas o ropa.

La diosa hindú Shitala fue venerada para prevenir o curar la viruela.

Ahora bien, como ya había observado, entre otros, el historiador griego Tucídides, quienes la pasaban una vez no la volvían a sufrir jamás. De esta manera, hubo muchos intentos de encontrar, si no una cura, al menos sí un remedio que la mitigase o evitase. Así, a partir del año 1000 de nuestra era se comenzó en Asia a experimentar con formas «rebajadas» de la enfermedad de una manera tan ingeniosa como peligrosa. En primer lugar se extraía de los enfermos muestras de sus contagiosas costras que primero eran puestas a secar durante un año al objeto de «mitigar su poder», y después, reducidas a polvo. Tras ello tan solo restaba la inoculación: administrar ese polvo a pacientes sanos, ya por medio de incisiones en la piel que lo introdujesen en el circuito sanguíneo, ya haciéndoles esnifarlo. Esta técnica, conocida como «valiolización», aparejaba numerosas incertidumbres, pues era imposible conocer la virulencia de aquellos polvos, y por tanto si eran completamente inofensivos e ineficaces, verdaderamente eficaces o fatalmente mortales. Aun así merecía la pena correr el riesgo, pues a quienes funcionaba les libraba de la enfermedad para el resto de sus vidas.

Aún pasarían siglos antes de que la «variolización», que se había perfeccionado poco a poco, llegase a oídos de los primeros occidentales. La hicieron llegar a Europa a lo largo del siglo XVIII. Fue famoso el caso de la británica lady Montagu, esposa del embajador del Reino Unido ante la corte otomana y víctima en su juventud de la viruela, que le había desfigurado el rostro. En Constantinopla había visto cómo inoculaban a la gente sana y, pesando más sobre ella el deseo de librar a sus dos hijos de la enfermedad que los riesgos inherentes a la operación, decidió someter a ambos a este peligroso proceso, que por fortuna resultó un éxito. La misma decisión calculada fue calando en los ambientes cortesanos europeos, por más que su alta peligrosidad hiciera que fueran muchos aún quienes se oponían a ponerla en práctica. Para derribar estos temores, uno de los defensores más célebres de esta técnica, el filósofo francés Voltaire, dejó escrito en sus Cartas filosóficas:

> Desde tiempos inmemoriales, las circasianas inoculan la variola menor a sus hijos con tan solo seis meses

de edad, practicándoles una incisión en el brazo e insertando en ella una pústula que han extraído del cuerpo de otro niño (…). Si querían conservar vivos y con buen aspecto a sus hijos, lo mejor era que pasaran el mal a edades tempranas (…). Los turcos, gente sensata, pronto adoptaron esta costumbre y en la actualidad no hay en Constantinopla quien no inocule a sus niños con la variola menor al mismo tiempo que los destetan.

De todas maneras, pese a las palabras tranquilizadoras de Voltaire, el procedimiento seguía siendo una auténtica ruleta rusa: la inoculación no solo podía terminar con la vida del paciente, sino también contribuir a la difusión de una cepa susceptible de recuperar toda su virulencia.

De la vaca… la vacuna

A partir de 1760 comenzaría a producirse un cambio que a la larga resultaría definitivo en el combate contra esta nociva enfermedad. Diversos investigadores ingleses y alemanes observaron en las muchas campesinas que ordeñaban vacas infectadas con la variante bovina de la viruela —caracterizada por la aparición en los pezones de sus ubres de unas vesículas parecidas a las de la viruela, y que era por lo demás una afección benigna— dos singularidades muy curiosas. La primera, que estas mujeres solo desarrollaban una enfermedad cutánea más bien leve, que únicamente les provocaba la aparición de ampollas con pus en sus manos. Y la segunda, y aún más importante, que, pasada esta enfermedad, rara vez desarrollaban la variante humana de la viruela. Así pues, decidieron inocular a las personas sanas con esta variedad bovina de viruela, esperando reducir así prácticamente a cero los riesgos implícitos en el sistema tradicional, que a fin de cuentas empleaba la peligrosa variante humana, por mucho que se tratara de «rebajar» previamente su virulencia.

Sabemos de un primer caso documentado, que fue llevado a cabo ya en 1771, y de otro tres años después conocemos el nombre de quien lo protagonizó: un granjero llamado Benjamin Jetsy, quien inoculó la viruela vacuna a su esposa e hijas con excelentes resultados. Pero no sería hasta la década de 1790 cuando este procedimiento de inmunización contra la viruela se difundió con amplitud merced a los estudios del médico inglés Edward Jenner. Este, para comprobar su eficacia, diseñó un experimento médico que hoy día sería inaceptable desde el punto de vista ético. Jenner, tras hablarlo con su jardinero, inyectó al hijo de ocho años de este pus de una pústula de viruela vacuna procedente de las manos de una lechera infectada. El niño enfermó, aunque a los pocos días estaba de nuevo sano. Pero aún quedaba la prueba de fuego: días después de su recuperación, comenzó a inyectarle material infeccioso de la viruela humana, sin que el niño enfermara pese a haberle expuesto reiteradamente a este material. Tras verificar de esta manera su hipótesis, Jenner repetiría con éxito la misma prueba en otras veintitrés personas antes de declarar en 1789 que creía «haber demostrado que la viruela bovina es un seguro contra la viruela humana». Había nacido la primera vacuna — de vaca, vacuna— de la historia, que pronto demostraría tener una efectividad superior al 95%. Y no solo eso: también quedaría probado que, una vez vacunada una persona, podía ser ella misma y no una vaca quien portase la solución.

El compositor Wolfgang Amadeus Mozart enfermó de viruela en 1767, cuando tenía 11 años de edad.

Bien es verdad que no tardaron en surgir los primeros críticos contra el nuevo procedimiento. Unos temían que les pudiesen nacer cuernos de vaca en la frente o, peor aún, que se hiciese realidad la caricatura del genial James Gillray, «los maravillosos efectos de la nueva inoculación», donde aparecen varios pacientes recién vacunados de cuya nariz, brazos, cara o piernas salen nada menos que cabezas de vacas. Otros, sencillamente por natural desconfianza. Y no pocos, por ver que con este método se ponía fin a los beneficios económicos que hasta la fecha les había reportado la inoculación tradicional.

Más discutible resulta hoy día la famosa oposición cerrada del entonces papa León XII a las campañas de vacunación. Se le ha llegado incluso a atribuir la sentencia de que «quienquiera que permita ser vacunado deja de ser un hijo de Dios. La viruela es una sentencia de Dios: así la vacunación es una afrenta al cielo», pronunciada según parece en el año 1829. Muy al contrario, no parece que el papa León opusiera mayor resistencia a las campañas de vacunación; de hecho, ya en 1805 Alessandro Flajani publicó en Roma un libro que previamente se había juzgado como ajustado a la religión católica, a la fe y a las costumbres en el que relataba las diversas políticas médicas llevadas a cabo en Berlín, Viena, Londres y París —entre ellas, naturalmente, la práctica de la vacunación—. Un libro, hemos de añadir, que iba dedicado al papa Pío VII, su predecesor.

Edward Jenner vacunando contra la viruela en el hospital de St Pancras. Caricatura (Wellcome Collection. CC BY).

Edward Jenner (1749-1823), médico y pionero de la vacunación, inoculó a James Phipps, de 8 años, pus de viruela vacuna para protegerle contra la viruela humana, 1796.

Sea como fuere, en poco tiempo los gobiernos de las naciones más poderosas del momento decidieron apostar por el nuevo método, invirtiendo en él los medios y las medidas coercitivas necesarias para imponer campañas de vacunación masivas... comenzando por aquellos sectores de población que menos podían oponerse: los soldados, y la marinería de sus ejércitos y armadas, y los huérfanos de las inclusas. Un pionero en ello fue Napoleón Bonaparte, quien ordenó la vacunación de sus centenares de miles de soldados; como también el duque de York, hijo del rey Jorge de Gran Bretaña, quien no solo promovió el establecimiento de un instituto que se encargara de propagar la vacuna entre la población civil, sino que, como comandante en jefe del ejército, alentó la vacunación entre sus tropas. Sabemos también que en 1801 la zarina viuda de Rusia María Fiódorovna —nacida Sofía Dorotea de Wurtemberg— hizo traer la vacuna desde Prusia, concediendo al primer niño huérfano vacunado una dacha, una dote de por vida y el apellido Vacinoff.

Tras las no pocas críticas y burlas de que había sido objeto, Jenner recibiría en 1806 un pequeño premio simbólico en forma de carta de Thomas Jefferson, uno de los hombres más ilustrados de su época y por entonces presidente de los Estados Unidos, quien le dispensaba, entre otras, las siguientes palabras: «Gracias a su descubrimiento, en el futuro los pueblos del mundo tendrán conocimiento de esta repulsiva enfermedad de la viruela solo a través de las tradiciones antiguas». No sería la última vez que estas palabras de Jefferson quedaran unidas a la historia de la titánica lucha contra los devastadores efectos de tan diminuto enemigo.

Hacia la victoria global

Así, mezclando la evidencia de los resultados positivos y el reconocimiento público —y hasta ejemplo— por parte de las más altas instituciones del momento con no pocas dosis de coacción y seducción —mucho más de lo primero que de lo segundo, todo hay que decirlo—, poco a poco la viruela fue desapareciendo del continente europeo, si bien de una forma desigual. Mientras en el pobre sur de la península itálica, en el contexto de las guerras napoleónicas, los médicos británicos Joseph Marshall y John Walker fueron enviados a Nápoles y a otras ciudades amigas del Reino Unido a vacunar a las guarniciones inglesas allí presentes y, de paso, a la población en su conjunto, logrando ya a principios del siglo XIX excelentes resultados, en amplias zonas del Imperio ruso aún habría de esperarse al triunfo de la Revolución de 1917 para que las campañas de vacunación llegasen a toda su población. Por su parte, la Organización Panamericana de la Salud inició a partir de 1950 un programa regional de erradicación, que para 1967 logró eliminar la viruela definitivamente de prácticamente todo el continente americano a excepción de algunas regiones brasileñas.

Pese a todos estos esfuerzos, todavía a finales de los años 50 del pasado siglo eran millones las personas que contraían anualmente la viruela, sobre todo en extensas áreas de África y Asia. Hacía falta llevar a cabo una campaña a nivel global, ¿pero cómo podía llevarse a cabo tal esfuerzo? Una de las primeras voces en este sentido surgió en 1953, cuando el primer director general de la Organización Mundial de la Salud, el canadiense Brock Chisholm, propuso erradicar la viruela globalmente, si bien sus planes fueron calificados de poco realistas. Sin embargo, tan solo cinco años más tarde, Víktor Zhdánov, viceministro de Salud de la Unión Soviética, logró convencer e involucrar a todos los representantes internacionales en una iniciativa global para erradicar la viruela del planeta. Pese a los tiempos de Guerra Fría que corrían y las lógicas reticencias, Zhdánov dirigió a los asistentes a la XI Asamblea de la Organización Mundial de la Salud, celebrada en la ciudad norteamericana de Minneapolis, las evocadoras palabras siguientes:

> En 1806, el Presidente de los Estados Unidos Thomas Jefferson dijo en su carta a Jenner: «Gracias a su descubrimiento, en el futuro los pueblos del mundo tendrán conocimiento de esta repulsiva enfermedad de la viruela solo a través de las tradiciones antiguas». Hoy, ha llegado el día de dar cumplimiento a sus palabras.

Más allá de sus buenas palabras y del inteligente guiño de citar a un presidente de los EE. UU. en su propia nación, Zhdánov podía acreditar su experiencia y valía en esta lucha nada menos que en un país del tamaño de la Unión Soviética. Aun así, y por si ello no fuera suficiente, los soviéticos dejaron caer que, de no contar con el apoyo de la comunidad médica internacional, lanzarían la campaña por su cuenta y riesgo. De esta manera, aunque por un estrecho margen, quedó aprobado el plan de erradicación de la viruela. Sus primeros resultados fueron bastante más modestos de lo esperado y en lugar de los cinco años inicialmente planeados se hubo de esperar hasta 1974 para que solo cinco países denunciaran algún caso esporádico de enfermedad, y aún un poco más para que en 1976 una niña de Bangladesh y en 1977 un cocinero de Somalia fuesen identificados como los últimos casos documentados de contagio natural de viruela. A la postre, pues, el éxito de la campaña fue rotundo.

Curiosamente, aún se produciría una última víctima mortal en 1978. El 24 de agosto de ese año, la fotógrafa de cuarenta años Janet Parker ingresaba en un hospital de Birmingham presentando un cuadro de fiebre y erupciones cutáneas. Al principio no parecía nada grave, pero los análisis a los que la sometieron demostraron que padecía una de las variedades más virulentas de la viruela. De forma inmediata saltaron todas las alarmas. A la vez que Parker era trasladada a una unidad de aislamiento y ponían en estricta cuarentena a cuantas personas habían tenido contacto con ella, se dedicaban todos los medios disponibles para tratar de reconstruir sus últimos movimientos. No tardaron en averiguar que trabajaba en el departamento de Anatomía de la Escuela Médica de la Universidad de Birmingham, cuyo archivo fotográfico se localizaba justo encima de un laboratorio dedicado al estudio de enfermedades transmisibles, entre ellas la viruela. Nunca se pudo llegar a explicar cómo, pero lo cierto es que en algún momento, tal vez fruto de una manipulación deficiente, una muestra del virus quedó libre en el aire, viajando por el conducto de ventilación hasta la planta superior donde ella se encontraba ordenando el material fotográfico. Por desgracia, y pese a haber sido vacunada en 1966, poco se pudo hacer por su vida, falleciendo el 11 de septiembre de 1978. Hasta la fecha ha sido, que sepamos, la última víctima de esta plaga infecciosa. Con todo, cabría sumar también a su haber al director de ese mismo laboratorio, Henry Bedson, quien, atormentado por la infección de la fotógrafa, se quitó la vida cinco días antes de su fatídico final.

Oficialmente, tan solo dos pequeñas muestras del virus se encuentran actualmente preservadas en sendos laboratorios de alta seguridad sitos en Atlanta, EE. UU., y Novosibirsk, Siberia. En todo caso, el descubrimiento en julio de 2014 de unas muestras olvidadas en una caja de cartón desde los años 50 del siglo pasado dentro de un almacén del campus de los Institutos Nacionales de Salud estadounidenses, aunque afortunadamente no tuvo mayores consecuencias sanitarias, suscitó no poca inquietud dentro y fuera de los EE. UU.

Carta de Thomas Jefferson a Edward Jenner,
14 de mayo de 1806. Biblioteca del Congreso.

Esta breve historia de la lucha del género humano contra la viruela no quedaría completa si no dedicásemos una mención especial a una destacada actuación sanitaria global de la monarquía hispánica: la Real Expedición Filantrópica de la Vacuna.

Los niños de Balmis

El 30 de noviembre de 1803 zarpaba del puerto de La Coruña la corbeta mercante María Pita, una veloz nave de unas doscientas toneladas de arqueo, algo más de ciento diez pies de eslora, tres palos y velas cuadradas, propiedad del armador coruñés Manuel Díez Tabanares y Sobrino. En un país más interesado por su pasado, una embarcación con la historia de esta —o cualquiera de las demás participantes en este periplo— habría terminado sus días convertida en un museo flotante. Por desgracia, no nos queda más recuerdo suyo que alguna lámina y las descripciones de otras corbetas que imaginamos similares. A bordo iban —además de los veintisiete miembros de la tripulación al mando del teniente de fragata Pedro del Barco— el médico militar y cirujano honorario de la corte del rey Carlos IV Francisco Javier de Balmis, el también doctor José Salvany, dos ayudantes, dos practicantes y cuatro enfermeros. Transportaban, entre otros preciados bienes, 2000 pares de cristales planos destinados a transportar el fluido de la vacuna contra la viruela y 500 ejemplares impresos del Tratado histórico y práctico de la vacuna (Madrid, 1803) del médico francés Louis-Jacques Moreau de la Sarthe, que Balmis había traducido personalmente. Y junto a todos ellos, veintidós niños huérfanos de entre tres y nueve años, al cuidado de la rectora de la Casa de Expósitos de La Coruña, Isabel Zendal.

Si bien Su Católica Majestad Carlos IV, el monarca que regía el rumbo de la monarquía hispánica por aquellos años, ha pasado a la historia como un hombre de pocas luces, siempre al albur de los caprichos de Manuel de Godoy, su favorito, y su esposa doña María Luisa, el trabajo tenaz y concienzudo de algunos historiadores en los últimos años ha comenzado a arrojar luz sobre esta imagen francamente distorsionada. Podía ser efectivamente un fanático de la caza —un remedio familiar que ya había empleado su padre para no caer en la locura de su abuelo Felipe V— pero, al contrario que a ellos, a él le tocó reinar en una época muy difícil, con la Revolución francesa disolviendo desde sus raíces las estructuras de su más firme aliado, Francia, y con la constante amenaza de las posteriores guerras revolucionarias y napoleónicas, de las que mantuvo a España más o menos al margen hasta 1808. Además, fue un mecenas que protegió la música o la pintura; no en vano, a su apoyo debemos el encumbramiento del genial Francisco de Goya. Asimismo, apoyándose en Manuel de Godoy, patrocinó varios proyectos ilustrados como el Instituto Militar Pestalozziano, el Observatorio Astronómico de Madrid y el Colegio de Sordomudos. Conviene tenerlo bien presente pues, de lo contrario, no se entendería el plan que ideó cuando le llegaron las primeras noticias del estallido en 1802 de una mortífera epidemia de viruelas en Nueva Granada (la actual Colombia), de patronazgo y promoción de la que sería expresivamente bautizada como Real Expedición Filantrópica de la Vacuna. Como la decisión de poner al frente de la misma a su cirujano personal Balmis, tal vez quien más familiarizado estaba entonces, en todos sus reinos, con la novedosa técnica de la vacunación.

La corbeta María Pita al salir de La Coruña en 1803, grabado de Francisco Pérez.

Pero si el proyecto de la expedición estaba ideado a lo grande, y lejos de contentarse con socorrer a la población de Nueva Granada, se fijó el objetivo de llegar a todos los puntos posibles de la monarquía hispánica en ultramar, no menos grandes eran los escollos que habría de superar. El primero de todos, tal vez el más importante, que la linfa vacuna contenida en aquellos dos mil pares de cristales planos ya mencionados se deterioraba rápidamente, lo que hacía prácticamente imposible su transporte al otro extremo del océano Atlántico. Una opción hubiera sido embarcar un rebaño de vacas portadoras del remedio, pero tampoco estas hubieran sobrevivido a tan largo viaje. Así pues, Balmis se hizo acompañar por aquellos veintidós niños huérfanos. Con ellos a bordo, el plan de Balmis consistía en ir infectando sucesivamente con el pus vacuno a parejas de niños de manera que se mantuviera siempre viva la linfa con la que luego podrían vacunar a centenares de personas. Sin duda, algo éticamente inaceptable hoy día, pero que parecía la única opción entonces.

Ya «resuelto» el problema, hicieron su primera escala en Tenerife a principios de diciembre, donde iniciaron la vacunación de sus habitantes con el pus obtenido de la primera pareja de niños por espacio de un mes, hasta primeros de enero. Tras ello y después de invertir otro mes en cruzar el Atlántico, arribaron a Puerto Rico el 9 de febrero de 1804, desde donde se dirigieron a La Guaira (Venezuela). Allí la expedición se dividió en dos ramas: Salvany circundaría el continente americano por la costa del Pacífico hacia el sur, mientras Balmis continuaría recorriendo las aguas del Caribe, para posteriormente atravesar Nueva España (el actual México) y dirigirse después desde su costa pacífica hacia las Filipinas ya a bordo de la corbeta Magallanes, con la que llegaron a Manila el 15 de abril de 1805. No sería ni mucho menos esta la última escala de su viaje: aún recalarían en Macao y luego en Cantón, esta vez en la fragata portuguesa Diligencia, para terminar su periplo en Lisboa un 15 de agosto de 1806 tras haber pasado por Santa Helena.

En resumen, un largo viaje de casi tres años —Salvany lo prologaría unos años más por tierras sudamericanas— que llevó la vacuna a los por entonces más recónditos puntos del planeta gracias a la iniciativa de Carlos IV y al tesón de Balmis, sus hombres e Isabel Zendal, la cuidadora de los niños a quien la OMS reconocería en 1950 como la primera enfermera de la historia en misión internacional. Pero también al callado sacrificio de estos, quienes se vieron expuestos a las penalidades propias de tan largas expediciones pese a los cuidados que en todo momento procuraron dispensarles. Un sacrificio que el mismo Balmis procuraba recompensar una vez concluida su participación en aquella cadena: en vez de realojarlos en las casas de expósitos de los puertos donde desembarcaban, se preocupaba de asegurarles el futuro mediante su adopción por familias locales.

Nunca podremos saber cuánta gente se benefició del ambicioso proyecto sanitario de la Real Expedición Filantrópica de la Vacuna, pero tal vez las palabras del mismísimo Edward Jenner, el descubridor de esta vacuna, describan por sí solas la capital importancia de la misma: «No creo que los anales de la historia aporten un ejemplo de generosidad tan noble y tan amplio como este».

La providencia del soldado

Por desgracia no todo lo que llevó a cabo Carlos IV fue tan digno de alabanza. Mientras Balmis y sus hombres, Isabel Zendal y sus niños surcaban los siete mares, al otro lado de los Pirineos el poder de Napoleón Bonaparte crecía de un modo aparentemente imparable. Ante tamaño rival era muy difícil tratar de llevar una política medianamente autónoma, no digamos ya opuesta a sus proyectos. Incluso el mismísimo emperador Francisco I de Austria terminaría ofreciéndole humillado la mano de su primogénita María Luisa, tras ver que sus tropas eran derrotadas una y otra vez por el vencedor de Austerlitz, Jena, Eylau, Friedland... En su lugar, el rey Carlos optó por tratar de apaciguarlo ofreciéndole su colaboración allí donde fuese necesario. De ahí que en 1805 en Trafalgar lucharan navíos españoles, y también que dos años después, en 1807, un contingente de tropas españolas fuera enviado a Dinamarca. Ello explica igualmente no solo que se permitiera el paso de tropas francesas a través de España para invadir Portugal, sino que incluso se añadiera a estas una fuerza de apoyo española, a cambio de una posterior repartición del desventurado reino portugués. Un pobre premio que, para colmo, quedaría en nada tras la asombrosa huida de la familia real portuguesa a Brasil junto a gran parte de sus nobles y su tesoro nacional. En todo caso un creciente servilismo que de poco le valdría al rey cuando, tras lograr aburrir a Napoleón Bonaparte por las riñas cainitas con su hijo y heredero Fernando, aceptó primero que este hiciese de juez de sus disputas, para terminar finalmente abdicando —y obligando a su hijo a abdicar— en la persona del emperador de los franceses en Bayona en 1808. Una vergonzosa capitulación que terminaría con el nombramiento de José Bonaparte como rey de España. Fue un acontecimiento capital en la historia de España y de las futuras repúblicas americanas, aunque en aquel primer momento tan solo pareció un hito más en la vertiginosa carrera hacia la gloria inmortal del genio corso.

Pocos eran quienes, como el cirujano militar Dominique-Jean Larrey, podían llegar a explicarse las razones por las que aquel intrépido, astuto y no tan bajito —1,69 metros— hombre iba camino de convertirse en lo más parecido a una divinidad todopoderosa, pues muy pocos lo conocían tan bien como él. Su mutua amistad venía ya de lejos, forjada precisamente en el mismo lugar donde Bonaparte había comenzado a construir su leyenda: en la batería de los «hombres sin miedo», durante el sitio de Tolón de 1793. Mientras a Napoleón su oportunidad le había llegado cuando su amigo el político y diplomático Antoine Christophe Saliceti hizo lo imposible por ponerlo al frente de las tropas francesas encargadas de sofocar el levantamiento de esta importante base naval francesa del Mediterráneo, a Larrey se la había brindado pocos meses antes la declaración de guerra de Francia a Austria. Ambos eran jóvenes e inteligentes, y parecían dispuestos a no pasar por este mundo sin tratar de cambiarlo: si Napoleón fue capaz no solo de levantar el ánimo de sus tropas, sino también de lanzarlas pocos años después a la conquista de Europa entera, Larrey, alistado como cirujano de oficiales en el ejército revolucionario, pronto comenzó a poner coto a la mala organización de la sanidad militar francesa. Esta circunstancia en una época en la que las batallas se libraban en corto y durante horas, provocaba que los heridos hubieran de resignarse y esperar al fin de la batalla para ser auxiliados y llevados por sus compañeros a lejanos hospitales militares a los que rara vez llegaban con vida. Al igual que Bonaparte, Larrey no solo identificaba los problemas, también encontraba algunas soluciones. Como el primer sistema de triaje o selección de los heridos en función de su gravedad. O el primer servicio de ambulancias y personal médico volante a cargo del rescate y cura de los heridos durante la batalla. Dos ideas que pronto mostraron su eficacia reduciendo de forma sensible el número de bajas mortales.

Larrey realiza una amputación al capitán Rebsomen en Hanau.

La admiración mutua y amistosa que surgió entre ambos hizo que Napoleón se hiciera acompañar de Larrey a lo largo de su dilatada carrera militar. De ahí que este lo siguiera a través de los valles italianos, los desiertos de Egipto o los yermos helados de la inmensa Rusia, demostrando siempre un arrojo y una entrega fuera de lo común, que le valieron la admiración tanto de sus compañeros — quienes llegaron a apodarle «la providencia del soldado»—, como de sus enemigos, a quienes nunca negó su auxilio. Tanto es así, que durante la batalla de Waterloo, cuando el duque de Wellington se enteró de quién era el cirujano que había irrumpido en medio de la batalla para socorrer a los heridos, ordenó desviar la línea de fuego de sus hombres para evitarle una muerte segura. Si bien no sería la última vez que Larrey danzase con la muerte aquel histórico día, puesto que apenas unas pocas horas después era hecho prisionero por unos soldados prusianos. Se disponían ya a fusilarlo cuando un médico militar también prusiano y antiguo alumno suyo lo reconoció y pidió clemencia a su comandante, el mariscal von Blücher. No hubo de insistirle mucho: en cuanto el mariscal supo que aquel hombre era Larrey ordenó su puesta en libertad inmediata. No era para menos: años atrás le había salvado la vida a su propio hijo.

Lo que no se pudo salvar aquella tarde fue el sueño imperial de Napoleón, quien pocas semanas después sería deportado a la remota isla de Santa Helena, donde pasaría sus últimos años de vida. Terminaba allí el Imperio, pero no la amistad entre dos jóvenes visionarios nacida al pie de una batería de hombres sin miedo. Por eso, en su testamento, quien acumuló más gloria en su época recordaría a su amigo con estas palabras: «Es el hombre más virtuoso que he conocido. Ha dejado en mi espíritu la idea de un verdadero hombre de bien». Unas palabras que quedarían grabadas en el epitafio de su tumba en el cementerio de Père-Lachaise…, donde curiosamente no reposan — ya— sus restos. En 1992 por fin se pudo hacer realidad su última voluntad y estos fueron enterrados en el Hôtel des Invalides, entre aquellos soldados con quienes tanto había compartido y por los que tanto había hecho.

El ángel de Crimea

Siglos antes de que Dominique-Jean Larrey caminase junto a Bonaparte por tierras italianas, ya las había atravesado otro francés siguiendo igualmente la marcha de sus tropas: Ambroise Paré, un barbero-cirujano natural de la región francesa del Maine a quien, en 1536, contrató un oficial para que lo acompañase durante una de las muchas campañas italianas que se sucedieron a lo largo del siglo XVI. A diferencia de los cirujanos, de mayor formación teórica, los conocimientos de los barberos eran básicamente producto de su experiencia personal. Paré, sin embargo, pronto comenzó a destacar por sus agudas observaciones y las soluciones prácticas que aportaba. Estas iban desde técnicas que mejoraron la extracción de puntas de flechas o los dardos de las ballestas, a consejos y remedios para mejorar la sanación de heridas de armas de fuego y que se plasmaron en su obra Método de tratar las heridas causadas por arcabuces y otros bastones de fuego y aquellas que son hechas por pólvora de cañón, publicada en 1545. Este tratado que, por desconocer el latín, la lengua propia entonces de la medicina universitaria, lo redactó en francés, gozó de gran difusión hasta convertirse en un clásico de la literatura francesa renacentista.

Paré promovió enormes avances y gozó de un gran prestigio profesional, pero aún en los tiempos de Larrey seguía habiendo muchas deficiencias en la medicina de guerra. En efecto, el fantástico cuadro de Antoine-Jean Gros Bonaparte visitando a los apestados de Jaffa, un alegato propagandístico pintado en 1804 a mayor gloria de Napoleón, muestra a este rodeado por decenas de soldados franceses enfermos a quienes no duda en tocar, interesándose por su salud. La imagen podría decir mucho del cariño de Napoleón por sus hombres, pero muy poco de su sanidad militar, que condenaba a enfermos y heridos a unos hospitales que tenían más de almacén de moribundos que de sanatorio de convalecientes. Esta triste realidad proseguía sin cambiar gran cosa cincuenta años después, durante la guerra de Crimea. El conflicto militar que enfrentó a Rusia con el Imperio otomano y sus aliados franceses, británicos y piamonteses se haría tristemente célebre por el largo asedio de la ciudad portuaria de Sebastopol.

Bonaparte visitando a los apestados de Jaffa de Antoine-Jean Gros, 1804.

Allí, menos de treinta mil marineros rusos plantaron cara durante meses a casi medio millón de soldados enemigos, condenados a estrellarse una y otra vez contra su excelente red defensiva. Y tras estos ataques, como en los tiempos de Paré o Larrey, las mismas escenas de abandono y desorganización, con muertos y heridos hacinados en el suelo de cualquier edificio suficientemente amplio para albergarlos, sin ninguna medida higiénica ni mayores muestras de empatía hacia su dolor o miedo.

Aunque el modo de hacer la guerra o de organizar la sanidad militar no había cambiado tanto, sí lo había hecho la sensibilidad de la creciente opinión pública occidental, para entonces mucho más preocupada por el bienestar de sus soldados y puntualmente informada del conflicto gracias al telégrafo.

La misión de la misericordia: Florence Nightingale recibiendo a los heridos en Scutari de Jerry Barrett.

Tal vez por ello, ante el público malestar general, Sidney Herbert, secretario de Estado británico para la guerra decidió tomar una decisión verdaderamente innovadora y que a la larga resultaría decisiva para el curso de esta guerra y de todas las siguientes, así como para los miles de vidas condenadas de otro modo a morir abandonadas: enviar un equipo de treinta y ocho enfermeras voluntarias, encabezado por Florence Nightingale, para aliviar el sufrimiento de los soldados heridos o enfermos. No se trataba de ningún capricho pasajero. Florence Nightingale podía ser una mujer de poco más de treinta años, atractiva y rica, pero también intrépida y tenaz. Tanto que casi desde su infancia había decidido dedicar su vida a servir a los demás como enfermera, un trabajo entonces muy por debajo de lo que se esperaba de su estatus social y que —como temían sus padres, que se negaron en redondo ante tal ocurrencia— la situaría en las antípodas del rol que la sociedad victoriana reservaba para ella. Fue mucho lo que hubo de perseverar Nightingale hasta salirse con la suya, hasta el punto de que llegó a provocar una crisis nerviosa a su hermana, que ella misma se encargó de atender. Pero lo logró y para 1854 todo aquello era ya parte de su pasado. Ahora Herbert sabía que la candidata, pese a su escasa experiencia, contaba con conocimientos fruto de una concienzuda formación ampliada con viajes a Francia y Alemania. Su decisión estaba tomada: por primera vez en la historia británica unas mujeres iban a servir oficialmente en sus Fuerzas Armadas.

En el mes de agosto ella y su equipo (que incluía quince monjas católicas) llegaron al hospital militar sito en Scutari, en Estambul, un lúgubre edificio cubierto de mugre, heces y vendas usadas. Había mucho para hacer. Pero Nightingale era también una gran diplomática, y pese al poder conferido por su nombramiento para aquella misión, evitó enemistarse con los médicos militares. De ahí que, lejos de revolucionarlo todo, buscara mejoras discretas y paulatinas: desde instalar una lavandería a escribir cartas en nombre de los soldados asistidos o mejorar la higiene general de las instalaciones de socorro. Sus cuidados surtieron muy pronto efecto en la salud y ánimo de estos. Su hábil manejo de la prensa diaria para mejorar las condiciones de los hospitales de campaña forzó al Gobierno británico a mover ficha en esta dirección. Al año siguiente de su llegada hizo enviar una comisión médica que descubrió que el hospital estaba construido sobre una cloaca que infectaba el agua corriente que se daba a los pacientes. Así, a medida que mejoraban las condiciones sanitarias, descendían vertiginosamente las bajas mortales y crecía desmedidamente su fama en el Reino Unido, hasta el punto de que, en reconocimiento a su labor en Crimea, en 1855 se estableció el Fondo Nightingale para la formación de enfermeras. Merced a las generosas donaciones recibidas, Nightingale pudo fundar cinco años después, en el londinense Hospital de Saint Thomas, la primera escuela de enfermeras seglares del mundo. Esta circunstancia se reconoce hoy día como un hecho crucial en el establecimiento de la moderna enfermería profesional, y por ella Nightingale entraría con toda justicia en los anales de la historia de la medicina universal.

Pese a todo, a Florence Nightingale nunca le agradó la fama que la precedía allí a donde fuera: su icónica imagen paseando con un candil entre los enfermos había sido reproducida hasta la saciedad en la prensa de su país e incluso la reina Victoria se confesaba rendida admiradora suya. Ella prefería que toda esa admiración se tradujera en fondos para sus proyectos y en gente dispuesta a participar en ellos, a la vez que se hacía pasar por una desconocida miss Smith para sortear a las masas. En todo caso, su fama nunca menguó y aún hoy día es reconocida como una de las mujeres que más han hecho a lo largo de la historia por arrebatarle —por un tiempo, al menos— nuevas víctimas a la muerte.

PARA SABER MÁS

Balaguer Perigüell, Emilio; Ballester Añón, Rosa, En el nombre de los niños: la Real Expedición Filantrópica de la vacuna (1803-1806), Madrid, Asociación Española de Pediatría, 2003.

Cavazos Guzmán, Luís; Carrillo Arriaga, José Gerardo, Historia y evolución de la medicina, México, El manual moderno, 2009.

Dormandy, Thomas, El peor de los males: La lucha contra el dolor a lo largo de la Historia, Madrid, Antonio Machado Libros, 2010.

García del Junco, Francisco, Eso no estaba en mi libro de Historia de España, Córdoba, Almuzara, 2017.

Gargantilla, Pedro, Breve historia de la medicina: del chamán a la gripe A, Madrid, Nowtilus, 2011.

Kérouac, Suzannee, El pensamiento enfermero, Barcelona, Elsevier, 1995.

Nightingale, Florence, Notas sobre enfermería: qué es y qué no es, Barcelona, Elsevier, 1990.

«El error de protocolo que ocasionó la última viruela», ABC, 10 octubre 2014: http://www.abc.es/tecnologia/redes/20141010/abci-viruela-error-protocolo-201410101010.html

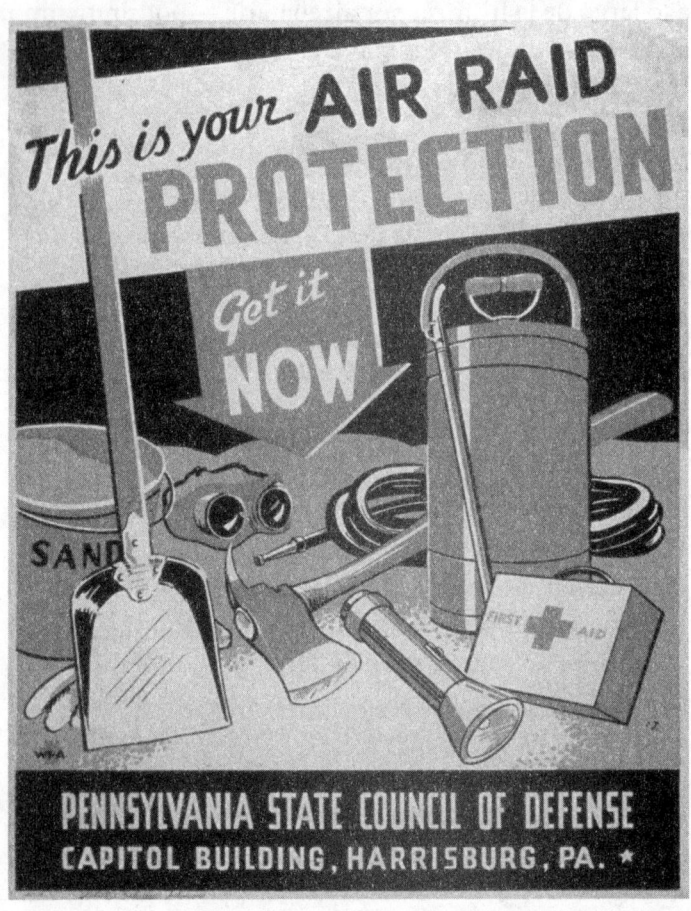

Cartel de la Segunda Guerra Mundial. «Esta es tu protección antiaérea. Consíguela ahora». Cartel que anima a los civiles a estar preparados adecuadamente para los ataques aéreos, hacia 1942.

HISTORIAS DE UN BOTIQUÍN

Una buena idea

Un botiquín es un pequeño compartimiento para guardar y transportar medicinas y elementos básicos de primeros auxilios. De hecho, el término deriva de la palabra botica, hoy día prácticamente en desuso en castellano —no así en euskera, por ejemplo, donde botika es bastante más habitual— y que se emplea para referirse a los tradicionales laboratorios y despachos de medicamentos de los que son herederas nuestras modernas farmacias. A su vez, proviene del latín apotheca, préstamo del griego apotheke, que significa «almacén». Un origen compartido, por cierto, con la palabra bodega, lo que permite explicar que en Venezuela, Colombia o incluso en Brasil haya quien llame «botiquines» a las modestas cantinas donde se venden bebidas alcohólicas, acompañadas en ocasiones por comidas ligeras. Desde luego, de donde no deriva el término botiquín, por mucho que varios sitios web insistan en ello, es del nombre del empresario ruso Dimitri Ivanovich Votikyn, quien supuestamente se habría apropiado hacia 1828 del concepto moderno botiquín, que «en realidad» habría sido inventado por su socio, el médico alemán Wilhelm Wienerschnitzel. Una rocambolesca trama protagonizada por dos personajes de apellidos no menos rocambolescos, —Votikyn, aunque en ruso a los botiquines se les llame realmente aptechka, y Wienerschnitzel, nombre que recibe el escalope vienés, Wiener Schnitzel— que, si bien no aporta ninguna información seria sobre la historia de los botiquines, nos sirve como recordatorio de que Internet es una herramienta de información tan sensacional como sensacionales son los bulos que esconde.

En realidad la historia de los botiquines es mucho más prosaica: caídas menores, rozaduras, pequeños cortes, quemaduras leves... Desde que el hombre es hombre, la mujer, mujer y, sobre todo, los niños, niños, siempre han sido y son muchas las situaciones que puede que no requieran una visita a los servicios de emergencia de un hospital, pero sí una cura casera elemental. Resulta, pues, lógico tener a mano un pequeño remanente de vendajes y remedios médicos tanto en casa como en el trabajo. Ello no significa que todos los botiquines hayan sido siempre iguales: por ejemplo, en el Museo de Farmacia Militar, situado desde 2015 en el Centro Militar de Farmacia de la Defensa, dentro de la base militar de San Pedro en Colmenar Viejo (Madrid), se conserva un fabuloso ejemplar de botiquín de campaña del siglo XIX conocido como el «botiquín de Manila»: un baúl de madera de considerables proporciones que podía apoyarse en unas patas plegables y compartimentado en varios cajones.

Naturalmente, tampoco los botiquines han contenido siempre los mismos medicamentos. Hoy día, por ejemplo, es poco frecuente encontrar en nuestros botiquines caseros merbromina o mercurocromo, un antiséptico dermatológico de un vivo color rojo empleado para la desinfección de heridas superficiales, quemaduras o rozaduras, que en España se popularizó con el nombre comercial de mercromina. Durante décadas fue el remedio más popular entre las familias españolas y sin duda ha dejado en muchos de nosotros un recuerdo casi tan indeleble como las manchas que producía. Sin embargo, tal como relató en un magnífico artículo para el diario El Mundo la periodista especializada en temas de salud Cristina García Lucio, a partir de los años setenta del siglo pasado la mercromina ha sido desbancada por la povidona yodada o la clorhexidina. Aunque, contrariamente a lo que algunos creen, nunca haya sido desautorizada y por ejemplo en España se sigue comercializando. Ciertamente, en los Estados Unidos su Agencia del Medicamento, la FDA, sacó en 1998 la merbromina de su lista de productos reconocidos como «seguros y efectivos», pero lo hizo, como atestiguó en ese mismo artículo el profesor de Farmacología de la Universidad Miguel Hernández de Alicante Juan José Ballesta, por razones principalmente administrativas: «Como era un producto muy antiguo y no se había sometido a controles modernos, pidieron a los fabricantes que realizaran pruebas similares a las que se exigen a los fármacos nuevos para entrar en el mercado. En la época el producto ya no era rentable para las farmacéuticas, así que nadie hizo las pruebas y acabó retirándose». En efecto, la merbromina, por su contenido en mercurio, puede producir dermatitis o sensibilidad sobre la piel, si bien su relegamiento obedece a que, tratándose de un bacteriostático de baja potencia —que no mata la bacteria, sino que solo impide su reproducción—, ha sido ampliamente superada por otros productos más eficaces.

El antiséptico mercurocromo fue descubierto
por el médico Hugh H. Young en 1918.

Así pues, aunque con los años y los avances científicos varíe su contenido, un pequeño botiquín bien equipado y organizado puede sacarnos, tanto en casa como en el trabajo o en el coche, de más de un apuro siempre que sigamos una serie de consejos básicos. En primer lugar, debemos elegir una caja hermética, bien identificable y fácil de transportar, que guardaremos en un emplazamiento fresco, seco y sobre todo accesible a todos los adultos, pero lejos del alcance de los niños pequeños. Si esto es imposible, por tratarse por ejemplo de un coche, deberemos surtirlo evitando sustancias peligrosas o sensibles a cambios de temperatura bruscos. También es de capital importancia tener claro que, una vez elegido el lugar y antes de rellenar nuestro botiquín, este no puede convertirse en un pequeño dispensario farmacológico: ni es esa su función, ni es aconsejable acumular medicamentos. Para evitarlo, lo mejor es consultar antes con nuestro médico de cabecera u otros profesionales sanitarios sobre qué fármacos deberíamos guardar en él en función de nuestro historial clínico personal y el de los nuestros. Tampoco debemos olvidarnos nunca de revisar periódicamente sus fechas de caducidad, llevando a una farmacia los ya caducados junto a aquellos que ya hayamos dejado de consumir, para que allí se encarguen de su correcta eliminación. Por último, si al final nos vemos en la necesidad de incluir algún tipo especial de medicamento, lo guardaremos con su prospecto en el envase original, en el cual podemos apuntar la dosis que en su día nos recetaron si tememos olvidarla.

Teniendo presentes estas pautas, en nuestro botiquín, además de unas tijeras, unas pinzas y, claro, un termómetro, siempre deberíamos llevar los siguientes elementos.

Material para limpiar y desinfectar

Siguiendo el orden lógico de una cura casera de emergencia, en primer lugar conviene tener suero fisiológico para limpiar las heridas. El suero es una solución compuesta por agua y sal de venta en farmacias en diversos formatos, desde las pequeñas ampollas de cinco o diez mililitros hasta las botellas de un litro. La proporción exacta de sal sódica es de nueve gramos por cada litro de agua, lo que permite que el suero pueda aplicarse en ojos o mucosas sin riesgo de escozores. Si ha sido esterilizado previamente, también puede suministrarse por vía intravenosa, como suele hacerse en los hospitales para mantener hidratados a los pacientes. Aunque parezca una receta sencilla, no es conveniente preparar en casa nuestro propio suero: aún hervida, el agua del grifo contiene muchas impurezas. Lógicamente, el mismo suero fisiológico, una vez abierto, también queda expuesto a la contaminación, por lo que conviene consumirlo en el menor tiempo posible.

En segundo lugar debemos contar con un antiséptico, por ejemplo, la clorhexidina, una sustancia presente en cremas o geles empleados para desinfectar heridas y quemaduras, que fue registrada en 1954 por la británica Imperial Chemical Industries Limited con el nombre comercial de Hibitane, y que desde los años setenta está también presente, aunque en menor concentración, en colutorios orales. Reconocido como el primer antiséptico aceptado internacionalmente para la limpieza de heridas y piel, un estudio realizado en 2011 por el departamento de cirugía de la Facultad de Medicina de la UNAM demostró la superioridad del gluconato de clorhexidina en términos de costo—beneficio respecto a la yodopovidona. En efecto, pese a su menor efectividad frente a hongos y virus, tiene a su favor que actúa sobre una amplia gama de bacterias; no es abrasivo ni irritante, por lo que puede aplicarse sobre una herida abierta —no así en ojos, boca u oídos—; y, al ser transparente, no puede enmascarar posibles infecciones que son detectables por el enrojecimiento de los bordes de la zona tratada. De hecho, desde que empezó a aplicarse al cordón umbilical de los recién nacidos en Nepal, la tasa de mortalidad neonatal bajó sensiblemente en este país asiático.

Pese a todo, la yodopovidona sigue siendo un antiséptico muy popular. Coloquialmente conocida como «yodo», generalmente se trata de una solución de nueve partes de povidona y tan solo una de yodo molecular. La povidona o polivinilpirrolidona es un polímero soluble en agua, que sintetizó por primera vez a finales de los años treinta del pasado siglo el químico alemán Walter Julius Reppe. Si bien al principio se empleó únicamente como sustituto del plasma sanguíneo, hoy día tiene una amplia variedad de aplicaciones en medicina, farmacia, cosmética y producción industrial. Por su parte, el yodo molecular es una molécula compuesta por dos átomos de yodo (diyodo), de color negro con un ligero brillo metálico, que tiene una curiosa historia a sus espaldas. A principios del siglo XIX, las tropas de Napoleón Bonaparte necesitaban ingentes cantidades de nitrato de potasio, una sal presente en el salitre y esencial para la fabricación de la pólvora. Tradicionalmente, el nitrato potásico se obtenía de las cenizas de la madera y de otros restos orgánicos pero, ante la escasez de madera, empezó a extraerse de las algas, muy abundantes en las costas bretonas y normandas. Estas algas se reducían igualmente a cenizas, mezcladas con agua y posteriormente sometidas a un proceso de evaporación por calentamiento. Pero a finales de 1811, cuando trataba de descomponer los compuestos sulfurosos también presentes en esta solución, al químico francés y fabricante de nitrato potásico Bernard Courtois se le fue la mano con el ácido sulfúrico. Descubrió así que de su mezcla emanaba una nube de un bonito color púrpura, con un irritante y desagradable olor similar a cloro y, lo que es más importante, que se condensaba en los objetos fríos en forma de cristales de color oscuro. Courtois tuvo la corazonada de haber descubierto un elemento químico nuevo pero, al carecer de los fondos y del tiempo necesarios para proseguir con sus investigaciones, hizo llegar su hallazgo a dos químicos amigos suyos, Charles-Bernard Desormes y Nicolas Clement, quienes hicieron público su descubrimiento en 1813. Asimismo envió unas muestras al físico André-Marie Ampère y al químico Joseph Louis Gay-Lussac. Sería Gay-Lussac quien, tras experimentar con el nuevo elemento, le puso, debido al color de su vapor, el nombre de «yodo», del griego ioeid s, que significa «violeta». A su vez, Ampère mandó una muestra al químico e inventor británico sir Humphry Davy, quien presentó el descubrimiento en la Royal Society de Londres el 10 de diciembre de 1813. Pese al áspero debate entre Davy y Gay-Lussac sobre quién había sido el primero en identificar el nuevo elemento, ambos reconocieron en todo momento a Courtois el mérito de haber sido el primero en aislarlo. Desgraciadamente, este mérito le rindió nulos beneficios económicos y tras fallecer en 1838 dejó a su viuda, Madeleine Morand, en una situación financiera desastrosa. Bien se encargó de remarcarlo el Journal de chimie médicale, de pharmacie et de toxicologie, al dedicarle uno de los obituarios más singulares de la historia: «Bernard Courtois, el descubridor de yodo, murió en París el 27 de septiembre de 1838, dejando a su viuda sin fortuna. Si, al hacer este descubrimiento, Courtois lo hubiera patentado, habría generado un gran patrimonio». En todo caso, a los cristales de yodo de Courtois disueltos en la povidona de Reppe debemos uno de los antisépticos más conocidos y empleados hoy día: eficaz contra todo tipo de microorganismos, como bacterias, hongos, virus... si bien su uso puede ser perjudicial para embarazadas, lactantes y, por supuesto, personas alérgicas al yodo.

Bernard Courtois descubrió el yodo. Murió arruinado tras el fin de las guerras napoleónicas al quebrar su empresa de salitre.

Otro antiséptico frecuente en todo botiquín casero es el peróxido de hidrógeno, el agua oxigenada de toda la vida. Ese amistoso líquido que de pequeños nos hacía respirar aliviados cuando nuestras madres lo utilizaban, en lugar del alcohol, para limpiar nuestras heridas. Al tratarse de un potente oxidante, el peróxido de hidrógeno se emplea terapéuticamente diluido en concentraciones inferiores al 6%, suficientes para afectar a las membranas celulares de los microorganismos. En mayores concentraciones, superiores al 30%, también se utiliza con fines industriales para blanquear el algodón, la pulpa del papel o alimentos como el queso; y en una concentración del 90% se emplea en la industria aeroespacial como un potente —y muy explosivo— combustible de motores. Al igual que la merbromina, el agua oxigenada ha quedado hoy día relegada por otros antisépticos más efectivos. Ahora bien, como explica en su blog el doctor Emilio Suárez, por sus casi nulos efectos indeseables y su bajo coste, sigue siendo una opción ideal en pequeñas heridas o erosiones. Al aplicarse sobre la zona afectada produce altas cantidades de oxígeno, lo que explica la divertida efervescencia que provoca, que termina destruyendo las bacterias. Además, como explica el doctor Suárez, esta misma efervescencia provoca «un efecto de arrastre sacando al exterior de la herida restos de suciedad y de bacterias», lo que convierte el agua oxigenada en una buena opción en el caso de rozaduras. No debe aplicarse, en cambio, en heridas muy profundas, pues puede provocar pequeños coágulos de plaquetas, entorpeciendo su curación.

No podríamos terminar esta lista de antisépticos sin hacer una mención al alcohol. Un nombre, por cierto, que originalmente se refería a un producto muy diferente. Efectivamente, la palabra alcohol proviene del árabe, de la suma del prefijo al-, que corresponde al artículo el, y kohol, que significa «sutil». Al-kohol o al-kuhúl, «el sutil», era el nombre que se daba a un polvo finísimo empleado por las mujeres para maquillar sus ojos. Empleado por los alquimistas con este mismo sentido, terminó por identificarse con el sutil producto de una destilación: el etanol, que en concentraciones superiores al 60% se convierte en un eficaz bactericida y, por tanto, en otro candidato a nuestro botiquín. Sin embargo, el alcohol también presenta algún inconveniente que lo hace poco adecuado para limpiar heridas: provoca sequedad en la piel, irritación si se aplica en heridas abiertas y puede generar la formación de pequeños coágulos que protegen a las bacterias supervivientes. En cambio, sigue siendo muy eficaz para limpiar la piel en la zona donde se vaya a introducir una aguja hipodérmica o en las curas en el cordón umbilical de los neonatos, siempre que no se aplique directamente sobre su sensible piel, sino mediante una gasa.

Como vemos, una auténtica panoplia de antisépticos, ninguno de ellos muy caro —de hecho algunos como el alcohol o el agua oxigenada son realmente baratos—, que nos resultarán de utilidad mientras tengamos presentes una serie de consejos básicos. En primer lugar, que los antisépticos sirven para evitar infecciones, por lo que habremos de usarlos al principio, recién producida la herida, y no esperar a que esta pueda complicarse. También hemos de tener presente que, elijamos el antiséptico que elijamos, hemos de aplicarlo tan solo al principio de la cura, pasados uno o dos días; cuando la herida ya empiece a cicatrizar, suspenderemos su administración para no dificultar el proceso. Además, aunque pudiera parecer más efectivo, nunca debe simultanearse el empleo de dos o más antisépticos, pues pueden interactuar y dificultar la cura provocando incluso alergias o irritaciones. Para su aplicación, nos ayudaremos de una gasa, nunca de algodón o papel, para no dejar residuos en la herida. Para expulsar posibles cuerpos extraños, la limpieza de la zona afectada debe hacerse de dentro a fuera, con delicadeza, nunca frotando. Por último, lo más importante: nunca debemos olvidar que el mejor comienzo de una cura es siempre una buena limpieza de la herida con agua o suero y jabón, un remedio más que suficiente en los casos más leves.

Material para proteger heridas

Aunque el mejor remedio para que cicatricen las heridas más leves es dejarlas expuestas al aire una vez limpias, cuando son más serias o están en contacto directo con la ropa, conviene tener a mano algunos productos que nos ayuden a protegerlas.

El primero de ellos podrían ser las gasas estériles. La palabra gasa deriva del término persa kaz o ğaž, que hacía referencia a la seda cruda, aunque hoy día sea el algodón el principal material con que se confeccionan. Existe una enorme variedad de gasas en función de la estructura de su hilado: sarga, tafetán, multifilamento, si bien el monofilamento es el más habitual en los botiquines caseros, por ajustarse mejor a nuestras necesidades, además del más económico. En el envoltorio de nuestras gasas nos detallarán su tipo, así como su número de hilos, longitud y anchura junto con la especificación de si ha sido o no esterilizada. Además de ayudarnos a limpiar las heridas y aplicar el antiséptico, las gasas sirven para proteger la superficie dañada una vez hecha la cura. Eso sí, no basta con cubrir la herida con una gasa y olvidarnos de ella: una gasa no puede dejarse sin cambiar de modo indefinido, menos aún si se ensucia o se empapa. Asimismo, si el envase de las gasas lleva mucho tiempo abierto, estas deben desecharse por el riesgo de que hayan perdido su esterilidad.

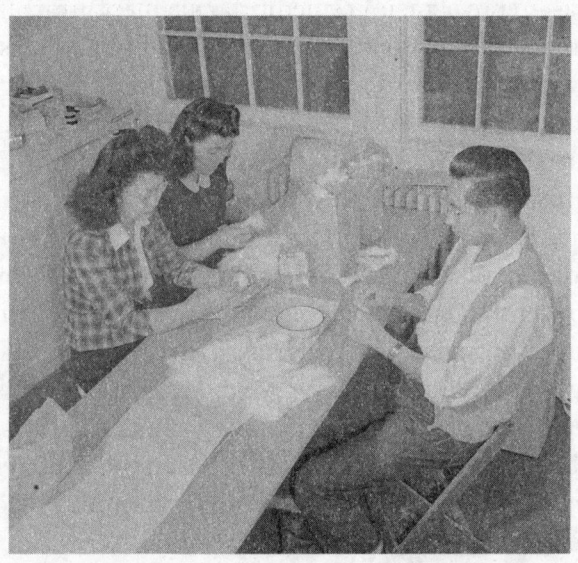

Asistentes de hospital que preparan vendajes y gasas esponjas para uso en el quirófano. Nara (Japón).

Otro elemento indispensable en nuestros botiquines son las vendas. Pasado y futuro de la medicina nos han acompañado desde la noche de los tiempos. Los egipcios empleaban vendas de lino que, por lo que sabemos a través de los papiros Smith, Hearst, Berlín o Ebers, se empleaban en diversos tratamientos, desde úlceras hasta enfermedades anales. Basta ver una momia egipcia para comprobar el alto grado de perfección que alcanzaron aplicando sobre los cadáveres humanos o animales embalsamados las técnicas con que trataban a los vivos. También los griegos y los romanos recurrían a ellas; de hecho, hasta el desarrollo de nuevas técnicas como el escayolado —un avío de tablillas ceñidas por una venda—, eran el mejor remedio para la fijación de huesos fracturados. Pero un invento tan sencillo y práctico sigue siendo susceptible de mejoras a medio y largo plazo como, por ejemplo, la que apuntó en 2014 el doctor Conor Evans, del Wellman Center for Photomedicine del Hospital General de Massachusetts, en un artículo publicado en la revista Scientific American: una venda tratada con productos químicos que se ilumine en rojo si las concentraciones de oxígeno en heridas o quemaduras son inferiores a las recomendables. Este vendaje «inteligente» desarrollado por investigadores de los EE.UU., Corea del Sur y Alemania aún se encuentra en fase de prueba, pero tal vez en no mucho tiempo se convierta en un fijo de nuestros botiquines. Hasta entonces, con el típico rollo de venda elástica cubriremos sobradamente las pequeñas necesidades que puedan surgirnos en casa o en el trabajo.

Aquiles vendando a Patroclo, ca. 500 a. C.

Igualmente es habitual utilizar el algodón hidrófilo, así denominado por su capacidad para absorber fluidos, por lo que también se le llama «algodón absorbente». Aunque hoy día se comercialice libre de impurezas y esterilizado, es preferible emplearlo únicamente para limpiar con alcohol una zona de piel sana por el riesgo de que deje residuos. Las gasas también son de algodón y cumplen mucho mejor su papel en la limpieza de heridas y aplicación de antisépticos.

Obviamente, también habremos de contar en nuestro

botiquín con un rollo de esparadrapo, un invento no tan antiguo como las vendas, pero que también lleva muchos siglos a nuestro lado. En efecto, sabemos que ya en el siglo XIV los italianos empleaban la palabra sparadrappo —«tela separada»— de la que derivaría nuestro vocablo, para referirse a unas tiras de telas empapadas de linimento o algún tipo de emplasto, que se aplicaban sobre las heridas. En castellano, tenemos menciones escritas al esparadrapo desde 1495, si bien al principio se le llamaba «espadrapo». En todo caso, el moderno esparadrapo no apareció hasta principios del siglo XX, en concreto en 1901 cuando el laboratorio Beiersdorf (BDF) de Hamburgo —el mismo que diez años más tarde inventaría la primera crema hidratante de la historia, la Nivea— patentó el Leukoplast, un esparadrapo autoadhesivo que no irritaba la piel gracias al óxido de cinc que contenía su adhesivo. Fue un concepto revolucionario en su momento, que no ha dejado de mejorar con el paso del tiempo. Hoy día podemos encontrar en nuestras farmacias varios tipos de esparadrapo, cada cual con su propio objetivo. El de papel es el menos agresivo, ideal para pieles sensibles y el único que permite la aplicación directa sobre él de pomadas o cremas. El de tela es especialmente adecuado para fijar vendajes o apósitos, debido a su alta resistencia. También los hay de plástico perforado —los más resistentes al agua— y de seda. En resumen, una amplia gama que convierte al esparadrapo en una pieza clave de nuestro botiquín. Eso sí, para su uso correcto deben seguirse unas pautas. No conviene dejarlo en contacto directo con la piel mucho tiempo, porque puede provocar su irritación y maceración. Debe tenerse en cuenta que el esparadrapo enmascara el dolor

—a fin de cuentas un aviso natural de nuestro cuerpo—, por lo que tal vez podamos forzar peligrosamente una zona concreta. Por último, cuando se emplea para fijar vendajes, estos no deben apretarse excesivamente, pues puede agravarse la situación en lugar de ayudar a su mejoría.

Finalmente, lo que no puede faltar nunca en nuestro botiquín, sobre todo si tenemos niños en su radio de acción, es el famoso producto que aúna un trozo de gasa y una tira de esparadrapo. La «tirita», marca comercial en España desde 1954 —aunque las fabricaran ya desde 1934 los laboratorios Unitex de Mataró bajo el nombre de «Espárapractic Unitex»—, es hoy día un nombre tan genérico en España, como en Argentina y México, la «curita». Ambas denominaciones están reconocidas desde 1984 por la Real Academia Española bajo la definición de «tira pequeña de esparadrapo o de otro material con una gasa en el centro que se pega sobre una herida pequeña para protegerla». Un proceso similar, por cierto, al que ha tenido lugar en el país donde se inventó, los Estados Unidos, o en Brasil, donde la marca comercial Band-Aid ha alcanzado tal grado de popularidad que la gente denomina así —o bandeide en portugués brasileño— a cualquier tirita, al margen de su fabricante, obviando su nombre técnico oficial: «tira adhesiva sanitaria» en castellano, adhesive bandage en inglés, y curativo adesivo en portugués.

Según se cuenta con orgullo en la propia página corporativa de Band-Aid, debemos este invento al señor Earle Dickson, un trabajador de Johnson & Johnson a quien, en 1920, cansado de ver cómo cada vez que su esposa Josephine se hacía algún pequeño corte había de ponerse primero una gasa de algodón y luego un trozo de esparadrapo, se le ocurrió añadir sobre una larga tira de esparadrapo otra de gasa de menor anchura para que ella únicamente hubiese de cortar el tamaño que necesitase y se lo pudiese pegar directamente. El invento casero les pareció tan práctico que a Earle se le ocurrió presentárselo a su jefe, James Johnson, quien no solo decidió apostar por él sino que, con los años y en vista de los enormes beneficios reportados a la compañía, recompensó a su empleado con el cargo de vicepresidente vitalicio hasta su jubilación en 1957.

Anuncio para tiritas Band-Aid de 1943.

Ciertamente, los primeros pasos del producto no fueron nada esperanzadores, con unas ventas menores de las esperadas. Sin embargo, tras introducir una serie de mejoras en su tamaño, comenzaron una vertiginosa carrera hacia el éxito, en la que influyeron no pocas ideas publicitarias tan geniales como regalar a los Boy Scouts de los Estados Unidos un número ilimitado de tiritas para que luego las popularizaran en sus casas. Esta suma de innovación técnica y olfato comercial se repetiría nuevamente en más ocasiones: en 1938 comenzaron a producirlas completamente esterilizadas, lo que hizo que durante la Segunda Guerra Mundial acompañaran a los soldados norteamericanos en todos los frentes donde combatieron, incrementando más aún su fama. Los avances técnicos prosiguieron y en 1951 se presentaron las Band-Aid de plástico, pero otras empresas también comenzaron a comercializar sus propias tiras adhesivas sanitarias. En estas circunstancias, Johnson & Johnson decidió lanzar en 1954 uno de los anuncios televisivos más impactantes de la época: sobre un huevo deslizaban tiritas de distintas marcas, pero solo la suya se pegaba a él. Y además, con tal fuerza que era posible incluso levantarlo en el aire. Y así, pegado tan solo por un extremo a la tirita, el huevo se transportaba a un cazo con agua hirviendo, donde seguía manteniéndose adherida mientras este se cocía. Finalmente, la protagonista del pequeño experimento, un ama de casa —su principal cliente—, se ponía una tirita en un dedo y se lanzaba a fregar la vajilla de una comida familiar mientras un narrador explicaba que no solo eran limpias, sino también «de color carne, casi invisibles».

A día de hoy resultan desagradablemente llamativos esos clichés de las mujeres que friegan platos cuyo color de piel es rosita caucásico. Aún tardarían en llegar las tiritas con otros tonos de piel o sencillamente transparentes, pero no puede olvidarse que tampoco se comercializarían masivamente los productos cosméticos para pieles oscuras hasta décadas más tarde. Igualmente impactantes fueron los viajes de las tiritas acompañando a los astronautas de la Mercury en 1963 y del Apolo XI en 1969, o su introducción en el mercado de Europa del Este en 1988. No puede, por todo ello, extrañarnos que para cuando se anunció en 2001 que se llevaban fabricadas cien mil millones de Band-Aid, estas fuesen ya un producto tan completamente familiar para el estadounidense medio que, por encima de marcas comerciales, se identificara como tal a cualquier tira adhesiva sanitaria. Ciertamente, la Johnson and Johnson sigue oponiéndose a esta generalización de su marca comercial, pero su producto ya ha entrado de lleno en la cultura popular, y es habitual ver a numerosos héroes infantiles y juveniles mostrando con orgullo sus tiritas, como Tank Girl, la protagonista del cómic de los británicos Alan Martin y Jamie Hewlett; o ver tiritas decoradas con personajes tan conocidos como Hello Kitty. No en vano, el neoyorquino museo de arte moderno MoMA las incluyó en su exposición «Made for living: objects of design», dedicada a los objetos cotidianos con un diseño revolucionario, que han cambiado nuestras vidas. Una justa elección, no hay duda.

Medicamentos

Salvo que, por una circunstancia particular, nuestro médico nos recomiende añadir algún medicamento concreto, cuantos menos tengamos, mejor. Por eso, los propuestos a continuación son más que suficientes para cubrir las necesidades elementales a las que están destinados los botiquines.

Para empezar, podemos contar con un analgésico. Los dos más habituales son el paracetamol y el ibuprofeno. Efectivamente ambos son analgésicos, sin embargo no tienen los mismos efectos: el ibuprofeno tiene más acción antiinflamatoria, mientras que el paracetamol está más indicado como antipirético, es decir, como medicamento para reducir la fiebre. De ahí que, al contrario de lo que mucha gente cree, no puedan emplearse indistintamente para las mismas dolencias. Debe, además, tenerse siempre presente que, aunque ambos sean seguros, su consumo excesivo o prolongado en el tiempo puede resultar extremadamente peligroso tanto por sus efectos secundarios como porque puede enmascarar otras enfermedades y retrasar su tratamiento efectivo.

Aunque el paracetamol es conocido desde 1877, cuando lo sintetizó el químico estadounidense Harmon Northrop Morse, solo comenzó a adquirir la fama que hoy día tiene a finales de los años cuarenta del pasado siglo, cuando diversos científicos norteamericanos, entre ellos, David Lester, Leon Greenberg, Bernard Brodie y Julius Axelrod —quien llegaría a ser galardonado con el Premio Nobel en 1970—, publicaron una serie de artículos en el Journal of Pharmacology and

Experimental Therapeutics ponderando las ventajas que sobre la acetanilida tenía un metabolito suyo: el paracetamol, precisamente. La acetanilida o acetilina era un medicamento comercializado entonces bajo la marca de Antifebrin y que ya antes de estos estudios estaba marcado con una merecida fama de toxicidad. Por increíble que pueda parecernos, la acetanilida, como el yodo, también debía su descubrimiento a la casualidad y a una pequeña distracción. Aunque en este caso concreto, las consecuencias pudieron haber sido mucho más graves que las que provocó en su día el ligero incremento de la cantidad necesaria de ácido sulfúrico del bueno de Bernard Courtois.

El Dr. Julius Axelrod revisando el trabajo de un estudiante sobre la química de las reacciones de las catecolaminas en las células nerviosas.

La historia la recoge, entre otros, Thomas Dormandy: en 1886, dos médicos de Estrasburgo —por aquel entonces en «Territorio Imperial del Reich» alemán tras la derrota francesa en la guerra franco-prusiana de 1870-1871— llamados Arnold Cahn y Paul Hepp encargaron un pedido de naftalina a un mayorista. La naftalina era el tratamiento entonces empleado para tratar las lombrices estomacales. Increíble, sí. El caso es que, al cabo de unos días, los doctores observaron que sus pacientes no mejoraban de sus lombrices en absoluto, pero sus dolores y fiebre habían disminuido notablemente. Extrañados por estos efectos, se pusieron a investigar y descubrieron que lo que les habían administrado, o sea, lo que a ellos les habían vendido como naftalina, no era tal, sino un derivado de la destilación del alquitrán natural llamado acetanilida, que entonces se empleaba en la industria de los tintes. Vamos, que igual que les había bajado la fiebre a los pacientes, podía haberlos matado a todos. El hermano de Paul Hepp, que trabajaba como químico industrial, vio en este hallazgo una oportunidad de negocio y, temeroso de que otros pudiesen explotarlo también, pues la acetanilida era un producto realmente barato y fácil de obtener, decidió comercializarlo con el nombre de Antifebrin. De esta manera, sin ocultar que no era otra cosa que acetanilida, tampoco lo publicitaban demasiado. Con el tiempo, sin embargo, se constató que esta medicina era muy perjudicial para el hígado. De ahí que, cuando se hicieron públicas las conclusiones de los estudios de Lester-Greenberg y Brodie-Axelrod, el paracetamol no solo fuera redescubierto sino además presentado como un medicamento «casi» exento de los problemas acarreados por sus predecesores, incluso por su más directo competidor en aquellos momentos, el ácido acetilsalicílico. Con esta carta de presentación no puede extrañarnos que a mediados de los años cincuenta ya se comercializase con éxito en los Estados Unidos y en el Reino Unido bajo las marcas registradas Panadol y Tylenol. Sin embargo, ser un fármaco «relativamente» seguro y estar «casi» libre de los problemas de otros no significa que el analgésico más popular sea del todo seguro y que esté completamente exento de cualquier tipo de inconvenientes.

Si la historia de los orígenes del paracetamol y la acetanilida nos resulta chocante, qué no decir de la del otro gran analgésico, el ibuprofeno, cuyo bautismo de fuego tuvo lugar tras una noche de juerga, como tituló en su día la radiotelevisión pública británica BBC: «La resaca que llevó a descubrir el ibuprofeno, uno de los analgésicos más populares del mundo». Un titular algo injusto, pero sin duda muy atractivo. Ciertamente, en el descubrimiento del ibuprofeno no medió ninguna casualidad ni ningún afortunado despiste, sino nueve años de duro trabajo y experimentación. En 1952, y tras pasar por las universidades de Nottingham y Leeds, el doctor Stewart Sanders Adams comenzó a trabajar en el departamento de investigación de Boots Pure Drug Company Ltd, que por aquel entonces trataba de dar con un medicamento eficaz contra la artritis reumatoide, que no presentase los efectos secundarios observables en los tratamientos hasta entonces conocidos. Manos a la obra: junto al químico John Nicholson y al técnico Colin Burrows comenzaron a probar las cualidades de más de seiscientos compuestos clínicos. Una labor ardua y tediosa en la que, en ocasiones, el mismo Adams, tras asegurarse de la nula toxicidad de algún nuevo compuesto, lo probaba él mismo para comprobar su efectividad. Aquella mañana de 1961 Stewart Adams tenía un motivo de peso para arriesgarse una vez más. Lo relataría posteriormente en varias entrevistas, como la concedida en 2007 al diario británico The Telegraph: «Tras haber estado de juerga con algunos colegas durante una conferencia europea en 1961, yo tenía que ser el primero en hablar a la mañana siguiente... y, bueno, tenía resaca, así que tomé 600 mg de ibuprofeno. Estaba probando la medicina a la desesperada, si quieres, pero realmente confiaba que pudiese funcionar mágicamente». Y efectivamente así fue. De hecho, como confesaba en esa misma entrevista: «Ahora resulta divertido que, pasados los años, mucha gente me diga que el ibuprofeno realmente les va bien en esos casos... y que si sabía que también es bueno con las resacas. Por supuesto debo admitir que lo sé». Patentado ese mismo año, el ibuprofeno fue lanzado al mercado en 1969, tras haber sido sometido, afortunadamente, a numerosos ensayos clínicos mucho más serios que aquella primera prueba de Adams, que demostraron su efectividad como antiinflamatorio. Y aunque al principio solo podía adquirirse con receta, no tardaría mucho en ganar la reputación que hoy día tiene. Pese a que esa popularidad, unida a que ya no sea necesaria una receta para comprarlo, ha aumentado notablemente los casos de sobredosis en los últimos años. Y es que, como en el caso del paracetamol, se trata de un medicamento cuyo consumo debe limitarse al mínimo posible.

Partiendo de esta base y teniendo ya claro que no se trata del mismo principio activo, pese a que ambos sean analgésicos, conviene dejar el paracetamol para tratar los dolores de cabeza, de muelas y los provocados por quemaduras, así como para bajar la fiebre, mientras que el ibuprofeno se muestra más eficaz en dolores musculares o asociados a inflamaciones de otras partes corporales. En cuanto a la resaca, ni paracetamol ni ibuprofeno: el mejor remedio, conocido ya en la Grecia clásica y en la antigua Roma, es no beber demasiado antes.

Un último clásico del que no podemos olvidarnos en este repaso es, claro está, la aspirina, otra marca registrada que la Real Academia Española ha terminado por admitir como nombre genérico a la hora de referirnos al «ácido acetilsalicílico, que se usa como analgésico o como antipirético». Las propiedades medicinales de la corteza y hojas del sauce eran ya conocidas en la Antigüedad, y tenemos testimonios de su uso en China, Mesopotamia, Grecia o Roma. Sin embargo, no sería hasta 1897 cuando el químico de la empresa alemana Bayer, Felix Hoffmann, lograse sintetizar un ácido acetilsalicílico de gran pureza, a partir de las investigaciones previas del francés Charles Frédéric Gerhardt, quien en 1853 ya había llevado a cabo un primer intento de acetilación de la salicina. Aun así, no sería hasta dos años después, en 1899, cuando otro farmacólogo de la Bayer, Heinrich Dreser, describiese sus propiedades terapéuticas como analgésico y antiinflamatorio, abriendo así la puerta a su comercialización. Aunque curiosamente no lo fue con el visto bueno de Dreser, quien durante su análisis había observado un efecto tóxico en el corazón de una rana, sino de su director de investigación, Arthur Eichengrün, quien no solo ensayó el compuesto en sí mismo sino que se lo suministró de forma clandestina a algunos médicos de Berlín para que ensayasen con él, arrojando en todos los casos —por fortuna— unos resultados muy positivos. Sin embargo, lo que no pudieron lograr ni Eichengrün —quien, por cierto, años más tarde se quiso arrogar un mayor mérito en todo este proceso— ni la Bayer fue la patente del ácido acetilsalicílico, pues su síntesis ya había sido publicada hacía tiempo. Por ello, lo que la compañía hizo en su lugar fue distribuir miles de folletos informativos sobre su nuevo producto entre la clase médica, en lo que con acierto describe Raviña Rubira como una de las «primeras operaciones de marketing de una especialidad farmacéutica». Sin duda, un éxito: se calcula que a fecha de hoy se consumen aproximadamente cien millones diarios de aspirinas a lo largo y ancho del planeta. Y un dato curioso: desde 2014 el único centro de producción de ácido acetilsalicílico con que cuenta la Bayer y que suministra a todo el mundo está en la parroquia de La Felguera, en el concejo de Langreo, Asturias. Sin embargo, que sea un medicamento muy consumido a nivel mundial no lo exime de algunos riesgos, sobre todo si se consume a diario y sin control médico.

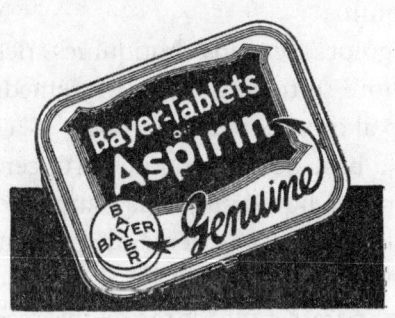

Remedios (que funcionan)

Aunque la capacidad de sorprendernos de la diosa Fortuna es infinita, hemos de partir de la base lógica de que tres de los motivos más habituales por los que recurrimos a nuestro botiquín son las pequeñas quemaduras, las contusiones y las picaduras de insectos. Para mitigar sus efectos en la medida de lo posible hay tres sencillos pero efectivos trucos.

Para las pequeñas quemaduras, ya sean de primer grado o de segundo grado, siempre que por su tamaño no requieran de asistencia médica, lo primero que debe hacerse es refrescarlas bajo un chorro suave de agua fría el tiempo necesario para que baje la sensación de calor. Agua fría, pero nunca hielo o agua casi helada, pues ello también podría causarnos una quemazón. Hecho esto conviene desinfectarlas con un antiséptico, sobre todo en el caso de las quemaduras de segundo grado. Por último hemos de hidratarlas, para lo que podemos emplear un gel de aloe vera, por ejemplo. Así pues, no es mala idea contar con un bote de alguno de estos productos en nuestro botiquín.

Para los golpes, en los botiquines del norte de Navarra siempre se tiene a mano un remedio tradicional elaborado al otro lado de la «muga» —la frontera—: una pomada a base de Bálsamo de Perú, cera de abejas, vaselina y parafina líquida llamada Baume des Pyrénées, «Bálsamo de los Pirineos». Además de tener un olor dulce y relajante, resulta realmente efectiva con los moratones.

Por último, para las picaduras de insectos, o incluso de medusas, nada como un poco de amoniaco, solo o diluido en agua. Si tenemos un frasquito listo en nuestro botiquín y nos lo podemos aplicar lo antes posible, nos aliviará considerablemente.

Muchos objetos, en fin, aunque no tantos como podría parecer a primera vista. Y cada cual con su propia historia

PARA SABER MÁS

Dormandy, Thomas, El peor de los males: La lucha contra el dolor a lo largo de la Historia, Madrid, Antonio Machado, 2010.

Raviña Rubira, Enrique, Medicamentos, un viaje a lo largo de la evolución histórica del descubrimiento de fármacos, Santiago de Compostela, Universidad de Santiago de Compostela, 2008.

http://www.bbc.com/mundo/noticias/2015/11/151116_salud_origen_ibuprofeno_cabeza_gtg

Consejos para organizar nuestro botiquín casero:

http://www.farmaciaalbala.es/2016/02/19/botiquin-domestico-de-primeros-auxilios/

https://es.familydoctor.org/que-necesito-en-mi-botiquin-de-primeros-auxilios/

https://www.cruzroja.es/prevencion/hogar_010.html

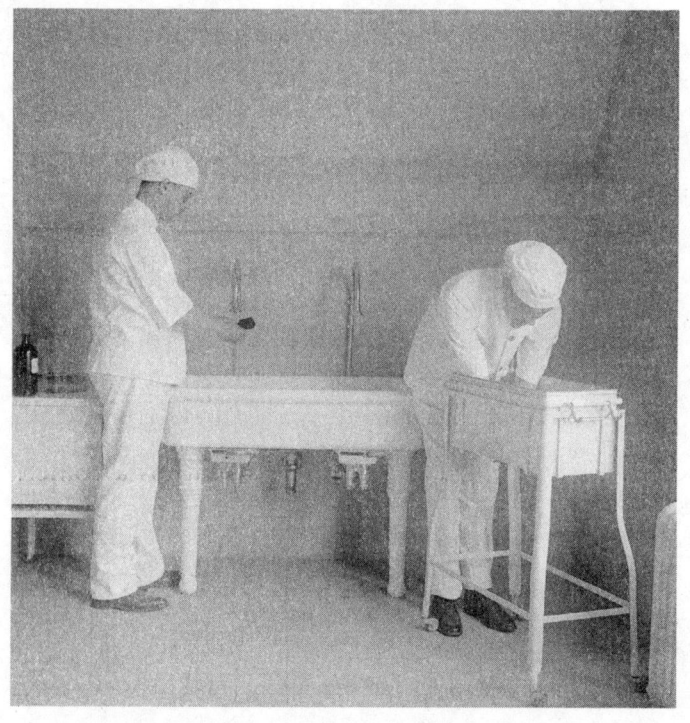

Cirujano y anestesista se lavan cuidadosamente las manos y la parte inferior de los brazos en fregaderos especializados de un hospital. Washington, DC., 1922.

RASGUÑOS MORTALES

¡Lávate las manos!

¿Cuántas veces nos habrán dicho nuestras madres que nos laváramos las manos antes de sentarnos a comer? ¿Y cuántas habremos mirado nuestras infantiles pezuñitas, aparentemente limpias, y les habremos respondido perezosamente «¡pero si no están sucias!»?

Aunque parezca mentira que un gesto tan simple pueda resultar tan sumamente importante, realmente lo es. Hasta el punto de que desde 2009 la Organización Mundial de la Salud viene promoviendo a nivel internacional la campaña «Salve vidas: límpiese las manos». Una iniciativa dirigida principalmente a trabajadores sanitarios, administradores de hospitales y encargados de políticas de prevención de infecciones, con la que se busca destacar la trascendencia de este hábito. Lo hace mediante mensajes claros y concisos como «la higiene de las manos en la atención sanitaria ha salvado millones de vidas en los últimos años» o «la higiene de las manos es la base de todas las intervenciones, ya sea al insertar un dispositivo médico invasivo, manipular una herida quirúrgica, o al realizar una inyección». No es para menos: lavarse las manos es un método tan efectivo como barato, cuya idoneidad es hoy día reconocida unánimemente.

La última fotografía de Ignaz Semmelweis, 1863.

Por desgracia, no siempre hubo igual interés por extremar la higiene. En la Austria de mediados del siglo XIX, un joven médico húngaro llamado Ignaz Philipp Semmelweis, observó que la tasa de mortalidad por fiebre puerperal era sensiblemente mayor en una de las dos clínicas de la Maternidad del Hospital de Viena. Precisamente donde él trabajaba como médico ayudante desde 1846. Siendo la fiebre puerperal una infección que puede afectar a las mujeres durante el sobreparto o puerperio, es decir, el período de tiempo que sigue al parto, Semmelweis trató de identificar la causa que explicase esta disparidad de casos en las dos unidades obstétricas, por lo demás, aparentemente idénticas. Tras un proceso de comparación y descartes, observó como diferencia más significativa que en su clínica los partos eran atendidos por médicos y estudiantes de medicina, mientras que en la otra lo eran por matronas y aprendices de matronas. Las matronas se centraban, naturalmente, en ayudar a las madres a traer a sus hijos al mundo, pero los estudiantes de medicina también habían de dedicar su tiempo al estudio de cadáveres en la morgue. Y si bien tanto unas como otros parecían estar igualmente limpios, a los segundos les acompañaba siempre un olor a putrefacción que Semmelweis atribuía a la persistencia de «partículas cadavéricas» en sus manos tras un simple lavado con jabón. Así pues, propuso que, antes de asistir en los alumbramientos, tanto médicos como estudiantes se lavasen las manos en una solución de cloro hasta que hubiese desaparecido todo rastro de olor. Y efectivamente, una vez se empezó a usar esta técnica, el número de muertes en su clínica cayó en picado.

Sin embargo, no fue capaz de convencer a sus colegas de que la suciedad en forma de «partículas cadavéricas» era la única causa de la fiebre puerperal. En una época en que se creía firmemente en la transmisión de las enfermedades por el aire viciado —a través de los miasmas o partículas que emanaban de la materia orgánica en putrefacción—, apuntar a los propios médicos como involuntarios vectores de transmisión le granjeó una inmensa antipatía por parte de muchos de ellos, quienes no solo rechazaban o ignoraban su hipótesis, sino que incluso la ridiculizaban. Habrían de transcurrir aún casi veinte años antes de que la teoría bacteriana de las enfermedades infecciosas formulada por Louis Pasteur y Robert Koch permitiese explicar científicamente lo que Semmelweis había deducido de sus propias observaciones. Para entonces era ya demasiado tarde para Semmelweis, quien no pudo disfrutar en vida de una merecida rehabilitación y, solo y arruinado, falleció en una institución para enfermos mentales en 1865.

Hacia las mismas fechas, el cirujano británico Joseph Lister pudo confirmar mediante sus propios experimentos el descubrimiento pasteuriano de que los microorganismos ocasionaban la putrefacción de los alimentos incluso en condiciones anaerobias, y decidió aplicarlo al tratamiento de las heridas. Lister empleó soluciones de fenol para eliminar los microorganismos presentes en ellas, con las que roció no solo las incisiones quirúrgicas sino también el instrumental y los vendajes, pudiendo constatar una reducción sustancial en la incidencia de la gangrena. Unos meses después del fallecimiento de Semmelweis, aplicó con éxito, por vez primera, esta innovación antiséptica al tratamiento quirúrgico de una fractura abierta que la rueda de un carruaje había provocado en la pierna de un niño de siete años de

Glasgow. Tras publicar en 1867 los resultados de su técnica de cirugía antiséptica, Lister aconsejaba a los cirujanos utilizar una solución con un 5% de fenol, antes y después de las intervenciones, para lavarse las manos, lavar los instrumentos y rociar el quirófano, si bien en los años siguientes desarrolló y refinó constantemente su método. Frente al uso de la antisepsia por Lister, otros cirujanos afirmaban prevenir mejor las infecciones mediante técnicas de asepsia como limpiar los instrumentos quirúrgicos con agua hirviendo. Antisepsia y asepsia nos dicen que no basta con que todo esté limpio, sino que también debe estar libre de gérmenes. Una lección que, de haberse aplicado en el caso de nuestros dos siguientes protagonistas, hubiera podido tener interesantes consecuencias históricas.

Una herida sin importancia

Las guerras carlistas fueron una serie de contiendas civiles que se extendieron intermitentemente a lo largo de todo el siglo XIX español. Su detonante fue el conflicto sucesorio surgido a la muerte del rey Fernando VII en 1833 entre su hermano, el infante don Carlos, e Isabel, hija de Fernando y sobrina por tanto de Carlos. Como por entonces Isabel era una niña de dos años, sus derechos los defendían su madre, la regente María Cristina de Borbón-Dos Sicilias, y sus partidarios, los denominados «isabelinos» o «cristinos». En realidad, María Cristina era tan partidaria del absolutismo propio del Antiguo Régimen, tan tradicionalista diríamos hoy, como don Carlos o cualquiera de sus más conspicuos seguidores, los llamados «carlistas» o «apostólicos». Sin embargo, por pura necesidad, hubo de irse acercando gradualmente a aquella poco numerosa pero muy dinámica porción de constitucionalistas, afrancesados o ilustrados que eran conocidos como los «liberales» y que, en vida de su difunto esposo Fernando, se habían visto obligados a exiliarse en el mejor de los casos. Hasta tal punto hubo de contar con ellos que, hacia el final de la primera guerra carlista, ya se identificaba al bando cristino con el liberalismo mientras los carlistas quedaban como los únicos defensores del tradicionalismo más exacerbado. Por tanto, si aquel conflicto dinástico terminó por convertirse en una guerra ideológica en toda regla, lo fue únicamente en razón de las circunstancias. Ni María Cristina ni muchos de sus primeros partidarios llegaron a convertirse jamás a la causa liberal.

Como decimos, sin embargo, inmediatamente después de la muerte de Fernando VII un 29 de septiembre de 1833, todo era mucho más simple: se trataba únicamente de luchar por el derecho a sentarse en el trono. Y si los cristinos controlaban Madrid y su corte, los carlistas se alzaron en armas en varios puntos, haciéndose con diversas regiones y ciudades. Desde luego ninguna tan importante como Bilbao, que ganaron para su causa tras un rápido golpe de mano, aunque tan solo un mes después su situación fuera desesperada: una columna del ejército cristino, reforzada por vecinos de las anteiglesias cercanas, amenazaba con tomar la villa. Para evitarlo, pidieron auxilio al recién nombrado comandante de las tropas carlistas reunidas a toda prisa en Navarra. Cuando este recibió su mensaje, dirigió a sus hombres las siguientes palabras: «Navarros: la Diputación de Vizcaya, viendo próxima a perderse la villa de Bilbao, principal joya de su señorío, os llama a toda prisa en su socorro [...]. No es menester navarros, que me mostréis vuestro cuerpo y hasta vuestros pies, porque con harto dolor os veo que estáis medio desnudos y descalzos. ¿Pero acaso esto os privará de vencer?». Efectivamente, la situación de sus soldados era más apurada incluso que la de los sitiados en Bilbao. Aun así, y sabiendo que seguramente habrían de enfrentarse a un enemigo mucho mejor preparado, fue capaz de ponerlos en marcha. Y aunque a los pocos días hubo de detener su avance, al llegarle la noticia de la rendición de Bilbao, con este valiente y sacrificado gesto comenzó a forjarse la leyenda de quien se convertiría en uno de los generales más afamados del siglo XIX español: Tomás de Zumalacárregui.

Nacido en 1788 en el caserío Arandi de Ormaiztegi, en el corazón de Gipuzkoa, la suya era una familia de clase acomodada que se preocupó por su formación con vistas a hacer de él un escribano. Seguramente hubiera terminado siéndolo, de no ser por la guerra de la Independencia, que hizo de él primero un soldado y después un guerrillero. Efectivamente, tras alistarse como voluntario y luchar en los dos terribles sitios de Zaragoza, logró escapar a su pueblo natal y unirse a la partida guerrillera de Gaspar de Jauregui y Jauregui, el Pastor. Si bien algunos historiadores dudan de que Gaspar, de unos dieciocho años hacia 1809, hubiera sido nunca pastor, hay absoluta unanimidad en que fue un genio guerrillero como pocos, capaz de convertir una pequeña partida de montaraces en una disciplinada tropa que llegaría a batirse contra las guarniciones francesas de Azpeitia, Bergara y Elgoibar. Un genio de quien Zumalacárregui, convertido en su secretario personal, aprendería todo lo posible sobre este tipo de combate irregular, para aplicarlo años después durante los primeros meses de la primera guerra carlista. Aunando una estricta disciplina con una serie de golpes audaces, pudo entrenar y abastecer de armas y pertrechos a sus tropas, llegando a controlar amplias extensiones de territorio, haciéndose incluso con el control de villas como Tolosa, Bergara, Durango o Eibar. Sin embargo, con aquellas victorias se presentó una nueva disyuntiva. ¿Cuál habría de ser el siguiente paso a dar, tomar Bilbao o lanzarse sobre Vitoria y de allí dirigirse hacia Madrid? La opinión de Zumalacárregui al respecto aún hoy es motivo de debate. En todo caso, es seguro que cuando el Estado Mayor carlista decidió tomar la villa vizcaína, él obedeció disciplinado y dirigió hacia allí a sus hombres.

Para el día 11 de junio de 1835 se completaba con éxito el cerco de la ciudad, conminándose a la guarnición local a rendirse. La situación de los defensores era crítica, sabedores de que toda posibilidad de romper el cerco o recibir apoyos era impensable. De hecho, lo único que aún frenaba a los carlistas era la enorme presencia de comerciantes extranjeros en la villa, a quienes habían de respetar si no querían provocar a sus respectivos Gobiernos. Pero mientras los sitiados estudiaban en qué condiciones rendirse, si alguna les fuera aceptada, un hecho casual vino a dar un vuelco a la situación el día 15. Una bala perdida alcanzó en la pierna al general Zumalacárregui mientras observaba desde un balcón cercano a la iglesia de Begoña los efectos del fuego de su artillería. Aunque no parecía grave, la bala permanecía alojada en su pierna, así que, antes que nada, decidieron retirarlo de la primera línea de combate.

Presidente Garfield.

Otra herida sin importancia

Mientras retiraban del balcón al general Zumalacárregui, a miles de kilómetros de allí, en Ohio, Estados Unidos, un niño de poco más de tres años empezaba a descubrir lo dura que podía ser la vida. James Abram Garfield, desde hacía pocos meses huérfano de padre y sumido, junto a su madre y hermanos, en la más absoluta pobreza, era además objeto de las burlas de los niños de su edad. Burlas con las que hubo de crecer y de las que solo logró evadirse refugiándose en la lectura. Sin embargo, a los diecisiete años su vida daría un giro inesperado: un funcionario local de educación, conocedor de su pasión por los libros, le propuso abandonar por un año su duro trabajo como encargado de las mulas que tiraban de un pequeño carguero por los canales cercanos a Cleveland y ponerse a estudiar. Fue un completo acierto. Aunque James hubo de trabajar como carpintero o maestro para pagarse los estudios, pronto destacó por sus excelentes notas, llegando a graduarse en la Universidad de Williams, Massachusetts. A partir de entonces ya nadie volvería a reírse de los humildes orígenes de aquel chico del oeste, ahora forjado entre las élites culturales de Nueva Inglaterra. Y menos aún después de que decidiese entrar en política y lograse ser elegido en 1859 representante de su Estado en el Senado por el Partido Republicano.

Si como civil había sido un ejemplo de superación, a partir de 1861 también lo sería como militar. Ese año, mientras él trataba de lograr sin éxito que se aprobara en el Senado su proyecto para la realización de un estudio geológico sobre las posibles riquezas minerales de Ohio, estallaba la guerra de Secesión. Su primera misión sería encargarse de la formación del 42 regimiento de infantería de Ohio, del que lo habían nombrado coronel. Y aunque hubo de partir prácticamente desde la nada, logró cumplir sus órdenes con tal presteza, que en pocos meses se encontraba ya con sus hombres en el frente de Kentucky. Pero una cosa era ser un eficaz organizador y otra, un buen militar. Para solucionar su carencia de experiencia se refugió en los libros una vez más, aprendiendo de ellos todo lo imprescindible para comandar a su regimiento. No se puede decir que le fuera mal: tras ser ascendido primero a general de brigada y posteriormente nombrado jefe del Estado Mayor del general William Starke Rosecrans, terminó la guerra como mayor general —el equivalente a un general de división español—, siendo además distinguido por su papel decisivo en las batallas de Middle Creek, Shiloh y Chickamauga. Todo ello le proporcionó un notable prestigio a nivel nacional.

Aun así, cuando acudió a la convención republicana de Chicago de 1880 ni se le pasaba por la cabeza la idea de competir por la nominación como candidato republicano en las siguientes elecciones. No en vano, quienes optaban a la designación eran personajes de la talla de John Sherman, el hombre que había evitado la quiebra de la unión durante la pasada guerra civil, o el ex presidente Ulysses S. Grant.

Sin embargo, tras decenas de votaciones, treinta y cinco nada menos, y viendo que ninguno de los demás aspirantes lograba imponerse, la convención optó por él como candidato de consenso. Se había colocado sin proponérselo a las puertas de alcanzar la presidencia de su país y ahora no dejaría pasar la oportunidad. Tras una campaña que hoy día nos resultaría muy extraña, el 4 de marzo de 1881 fue investido como el vigésimo presidente de los Estados Unidos después de haber ganado las elecciones a su antiguo compañero de armas, el también mayor general Winfield Scott Hancock. Y subrayamos el carácter extraño de la campaña porque en lugar de salir a recorrer esos caminos de Dios, Garfield optó por hacer lo que se conoce como una front porch campaign, es decir, una campaña desde el porche de casa, dedicándose a conceder entrevistas y a dar pequeños discursos a quienes tenían a bien visitarlo, mientras dejaba el peso de la recolección de fondos y votos a la gente de su partido.

El humilde muchacho de Ohio había alcanzado su sueño. O incluso es posible que hubiese llegado aún más lejos de cuanto jamás había soñado. De cualquier manera, en ningún momento olvidó sus orígenes ni tampoco a quienes, como él en su infancia, vivían en la pobreza. Como los antiguos esclavos y sus familias, ya libres, pero aún condenados a la miseria y el analfabetismo, y para quienes Garfield se esforzó por desarrollar un sistema educativo de calidad. Algo que, pasada la guerra, no interesaba ya ni siquiera a muchos de los ciudadanos de los Estados del norte, reacios a financiar con sus impuestos ese modelo. Un proceso, en fin, que se prometía largo y farragoso, aunque tras años en política eso no lo amedrentase.

Este tan solo era uno más de los muchos problemas que mantenían ocupada la mente de Garfield cuando el segundo día de julio de ese mismo año de 1881, Charles J. Guiteau se interpuso en su camino disparándole dos veces antes de ser reducido por la gente que acompañaba al presidente. Guiteau era un abogado políticamente resentido y mentalmente desequilibrado que creía haber jugado un papel primordial en la elección de Garfield como candidato republicano durante la convención a la que antes nos hemos referido, por lo que ahora exigía sin éxito ser nombrado embajador en Viena o París. Pese a que no tenía experiencia en el uso de armas, debido a la corta distancia que lo separaba de su víctima en el momento del atentado, logró alcanzarlo en el brazo y en la espalda, aunque tampoco en su caso, como casi medio siglo antes había pasado con Zumalacárregui, las heridas parecían revestir excesiva gravedad.

Un sanador tradicional

De hecho, tan poca cosa parecía lo de Zumalacárregui que él mismo trató de ponerse en pie tras recibir el impacto, aunque enseguida hubo de volver a recostarse. La bala se había alojado bajo la rodilla de su pierna derecha, en la masa muscular tras la tibia y el peroné, por lo que no podía palparse desde fuera; y menos aún extraerse. Pese a la escasa gravedad de la herida, en lugar de evacuarlo a su cercano alojamiento en Bolueta para tratarlo allí, se optó por trasladarlo en camilla a hombros de sus mejores granaderos hasta la villa de Durango, a unos treinta kilómetros. Una decisión cuando menos sorprendente, pues en el mejor de los casos implicaba un largo día de marcha. Más, si tenemos en cuenta que a sus cuarenta y siete años, y tras casi dos años sufriendo las privaciones propias de la guerra, el estado de salud del general distaba mucho de ser óptimo. Pero la alta dignidad del personaje y el hecho de que en Durango radicara la corte del pretendiente y, por tanto, los mejores médicos del bando carlista, sumado al cariño que le profesaban sus tropas, deseosas de darle los mejores cuidados, pesaron más que la simple lógica. Para su desgracia, esta no sería la única decisión desafortunada que se tomaría esos fatídicos días.

Mucho se ha escrito sobre este episodio histórico. Nosotros seguiremos el excelente relato de Javier Álvarez Caperochipi, incluido en sus Crónicas médicas de la primera guerra carlista (1833-1840). En él nos describe cómo ya desde el principio todo se fue torciendo poco a poco. Para empezar porque si sus hombres querían llevarlo en camilla a Durango, Zumalacárregui insistía en ir aún bastante más lejos: a Zegama, villa guipuzcoana distante a más de ochenta kilómetros de Bilbao. Su aparentemente extraño deseo respondía a que en Zegama residía gran parte de su familia así como al hecho de que el general llevaba tiempo sopesando la posibilidad de tomarse unos días de permiso allí a fin de recuperarse del trajín de las campañas. Así pues, aunque una vez en Durango y tras ser explorado por los médicos del infante don Carlos Luis, estos le recomendaron reposo, no cejó en el empeño de proseguir su viaje, ansioso por descansar en la tranquilidad de un hogar de verdad; justo lo contrario de lo que le ofrecía el ambiente cortesano de la capital del Duranguesado, donde las visitas y atenciones al herido le molestaban de continuo. Para colmo, mientras los médicos habían juzgado que la pierna estaba bien y no era necesario siquiera extraerle la bala, un cirujano inglés del prestigioso Guy's Hospital de Londres llamado Frederick Burgess, que hacía las veces de asesor quirúrgico sénior de Zumalacárregui, insistía en lo contrario. Burguess no logró imponer su criterio, pero este pesó sin duda en la decisión final del militar de desobedecer a todo el mundo y exigir su traslado inmediato a Zegama. De hecho, harto de consejos médicos, Zumalacárregui hizo llamar a un curandero apodado Petriquillo.

Zumalacárregui, herido, es llevado de Bilbao a Cegama, 1835. «Galería Militar Contemporánea». Madrid 1846.

Actualmente en euskera el término petrikilo se aplica genéricamente a curanderos, matasanos y mediquillos. En 1835, Petriquillo era tan solo el apodo de José Francisco Tellería Uribe, un viejo amigo y antiguo compañero de armas del general Zumalacárregui. Nacido en el caserío Arene de la localidad guipuzcoana de Zerain, donde su padre se dedicaba al pastoreo, de él no solo aprendería este oficio, sino también el de curandero, de gran tradición en su familia. De ahí que ya en 1809 este contara con unos rudimentarios conocimientos de anatomía y plantas medicinales, que le serían de mucha utilidad cuando decidió enrolarse en una partida guerrillera. Precisamente en la del Pastor, donde coincidiría con Tomás de Zumalacárregui, a quien tendría oportunidad de asistir tras sufrir una fuerte contusión en las costillas. Una vez terminada la guerra, Petriquillo se dedicaría a seguir sanando, sobre todo luxaciones y fracturas óseas. El dato parece seguro, pues en 1827 le fue abierto un expediente por parte del subdelegado de la Real Junta Superior de Cirugía por ejercer la medicina sin título alguno, que derivó en una multa de cincuenta ducados. En todo caso, la sentencia no debió de hacer mucha mella en su determinación a ejercer de curandero, pues nada más recibir el aviso de Zumalacárregui aquel junio de 1835 partió sin demora a su encuentro.

Ambos amigos se reencontrarían poco después de que el general —postrado sobre una estrecha camilla portada a hombros por sus fieles— y su comitiva acabasen de abandonar Durango en dirección a Zegama. Petriquillo no tardó en comprobar lo desmejorado que se encontraba su viejo camarada, a quien el ajetreo del viaje y las sangrías que puntualmente le aplicaban sus médicos no lo estaban ayudando en absoluto. Poco pudo hacer en esos primeros momentos salvo animarlo, prometer extraerle la bala en cuanto llegasen a su destino, aplicarle un ungüento a la pierna herida y masajearle el resto del cuerpo con fricciones estimulantes. Pero Zumalacárregui cada vez se sentía peor, llegando a ofrecer un premio a sus hombres si se daban aún más prisa. Finalmente, tras casi una semana de marcha, llegaron a su destino. Para ese momento, la tensión entre Petriquillo y los médicos de la corte que acompañaban al general era evidente. Y los efectos del cansancio y del calor sobre el estado de salud de su paciente tan solo servían para agravar las acusaciones mutuas de incompetencia. Este clima de hostilidad era el menos indicado para acometer las curas que le habían prometido. Pese a todo, al principio las cosas parecían mejorar algo. En una primera exploración, los médicos le extrajeron una esquirla ósea junto a líquido sanguinolento y pus, y Petriquillo le aplicó sus remedios tradicionales, a base de miel, vinagre o aguardiente para limpiar, ajo para cicatrizar y pan mohoso como apósito. A las pocas horas, sin embargo, el estado de salud de Zumalacárregui empeoró notablemente, su pierna estaba cada vez más inflamada y la sequedad de su piel no auguraba nada bueno. El curandero, cada vez más preocupado, insistió en extraerle la bala lo antes posible, pero los médicos se negaron en redondo. Estalló la discusión que llevaba días fraguándose y Petriquillo finalmente se vio obligado a abandonar a su amigo, tal vez sabedor de que tenía los días contados y, de retirarse ahora, podría salvar su buen nombre. Mientras tanto, la salud de Zumalacárregui empeoró a ojos vista y tras una mala noche fue él mismo quien exigió a sus médicos que le extrajeran la bala. La operación fue sumamente traumática, pues la hinchazón dificultaba mucho su localización. Bisturí en mano comenzaron a hurgar en la zona, ocasionando terribles dolores al pobre general, hasta que finalmente localizaron y extrajeron el proyectil. Se desató la euforia y la bala fue paseada de casa en casa y luego enviada al pretendiente. Pero ya era demasiado tarde. Lejos de recuperarse, Zumalacárregui comenzó a delirar, entrando en un estado de letargo del que ya no saldría hasta el momento de su fallecimiento pocas horas después. Era el 24 de junio de 1835: tan solo habían pasado nueve días desde que una bala perdida derribase al invencible Lobo de las Améscoas.

Un inventor vanguardista

Al escocés nacionalizado estadounidense Alexander Graham Bell se le conoce hoy día por una infinidad de inventos y avances científicos de lo más variados. Desde el hidroala o alíscafo HD-4, que diseñaría en 1919 junto al ingeniero Casey Baldwin, hasta el cable trenzado, por citar solo dos ejemplos. O por ser uno de los miembros fundadores de la National Geographic Society, de la que su suegro Gardiner Greene Hubbard sería el primer presidente y él su sucesor tras el fallecimiento de este a finales de 1897. Ciertamente, el invento del teléfono, posiblemente el que hizo más famoso en vida a Bell, hoy día se atribuye con justicia al italiano Antonio Meucci, pero no por ello su historial es menos impresionante.

Nacido en Edimburgo un 3 de marzo de 1847, fue el segundo de los tres hijos varones que tuvieron Eliza Grace Symonds y el profesor Alexander Melville Bell, quien, al igual que el abuelo y el tío paterno de Alexander, se dedicaba a la enseñanza de una locución correcta. No puede, por tanto, extrañarnos el interés que desde pequeño tuvo nuestro protagonista por cuanto tenía que ver con el sonido en general y la voz en particular. Menos aun teniendo en cuenta que siendo Bell todavía un niño, su madre perdió paulatinamente el sentido del oído a causa de una enfermedad que la dejaría completamente sorda. Pero si la lucha por mejorar las condiciones de vida de los sordos o de los mudos se convirtió en una de sus pasiones, sería la tuberculosis la enfermedad que realmente cambiaría su vida, después de hacerlo enfermar a él y llevar a la tumba a sus dos hermanos en el plazo de tres años. Tras esta desgracia sus padres decidieron emigrar a Canadá en 1870, convencidos, como así resultaría ser, de que su duro clima sería beneficioso para su salud. Así que a caballo entre Canadá y los Estados Unidos, Alexander vivió los siguientes años de su vida dando clases a personas sordas mientras saciaba su curiosidad sobre todo lo relacionado con la electricidad, otro de sus grandes intereses. Precisamente entonces conoció a Mabel Gardiner Hubbard, una chica unos diez años más joven que él y sorda desde los cinco años. Al principio Mabel no demostró ningún interés por su profesor, al que veía como un tipo descuidado y mal vestido, pero con el paso de los meses y las clases, surgió entre ambos un largo y duradero amor, que daría incluso para un guion de Hollywood: El gran milagro. Una película del año 1939 en la que la espectacular Loretta Young hacía las veces de Mabel, mientras el papel de Alexander lo interpretaba el eterno Don Ameche, a quien también cabe recordar por su participación en el largometraje de 1985 Cocoon, con el que ganaría el Óscar al mejor actor de reparto. En aquella película Henry Fonda hizo el papel de Thomas A. Watson, abnegado ayudante del inventor, cuya vida por sí sola daría igualmente para una gran película pues, tras su colaboración con Bell, fundó un astillero que se convertiría en uno de los más grandes del mundo en los tiempos de la Segunda Guerra Mundial.

Películas aparte, solo años después de conocer a

Mabel le pidió casarse con él, una vez patentado el que durante años sería su invento más celebrado, el teléfono, y tras montar la Bell Telephone Company en 1877. Para entonces la situación financiera de Bell era ya perfectamente estable, aunque curiosamente más gracias a los ingresos reportados por sus giras de conferencias por América y Europa, que a los beneficios de la empresa, que aún habrían de hacerse esperar unos años. No así los pleitos acerca de la invención del teléfono: en los siguientes años su compañía hubo de hacer frente a más de quinientas demandas, aunque las ganaría todas. En la inmensa mayoría de los casos porque carecían de base legal alguna, aunque al menos en una, la interpuesta por el humilde inventor italiano Antonio Meucci, fue la fuerza e influencias del imperio empresarial edificado por Bell lo que entonces impidió que prosperase. Por cierto, en 2002, más de cien años después, la Cámara de Representantes de los Estados Unidos reconocería finalmente el mérito de la invención del teléfono a Meucci, gracias al empeño del político republicano neoyorquino Vito Fossella.

Pero el 2 de junio de 1881 todo eso aún quedaba muy lejos. Mabel y Alexander disfrutaban de una visita a la familia de ella en Boston cuando les llegó la noticia del atentado contra James A. Garfield. Por lo que se decía, una de las balas había quedado alojada en algún lugar de su torso, si bien los repetidos intentos de sus médicos por localizarla estaban resultando infructuosos. Inmediatamente Bell puso todo su ingenio en acción, y en un par de semanas escribió a la Casa Blanca ofreciéndoles un aparato capaz de detectar metales, que había desarrollado y que podría ayudar a localizar el proyectil.

Al principio se mostraron reticentes, tiempo que él empleó para afinar su máquina utilizando como conejillos de indias a veteranos de la guerra de Secesión aún con proyectiles en su cuerpo. Finalmente, el 26 de julio recibió un recado para que acudiese en auxilio del presidente. Si bien su detector no había acertado en todos los casos en los que lo había probado, lo que más preocupó a Bell al llegar a la mansión presidencial fue el aspecto de Garfield. Su apariencia era ceniciento, pese a encontrarse consciente e incluso mostrar interés por el curioso aparato que Bell traía consigo, compuesto de una batería, un condensador, un mango de madera y un receptor telefónico para escuchar el sonido producido al detectarse un metal. Pidió que pusieran al paciente de costado y comenzó su trabajo pero, por algún motivo, algo no salió como se esperaba: el aparato comenzó a enviarle un sonido indefinido que hacía imposible la localización de la bala. Durante los siguientes días, Bell buscó una explicación para el anómalo comportamiento de su máquina, descubriendo finalmente que el colchón sobre el que estaba Garfield estaba compuesto por alambres de acero. ¡Aquella era la razón del extraño sonido! Demasiado tarde: el 19 de septiembre, antes de que Bell pudiese hacer una última tentativa, James Abram Garfield fallecía en Long Branch, Nueva Jersey —donde había pedido ser trasladado en tren en un último y desesperado intento por alejarse del insoportable calor de la capital—. Tan solo la autopsia posterior reveló el lugar exacto donde estaba alojada la bala: en el lado izquierdo de su torso y no en el derecho como sospechaban sus médicos. E igualmente, que la causa final de la muerte había de achacarse a un envenenamiento séptico provocado, con toda probabilidad, por sus propios doctores. En el posterior juicio el asesino de Garfield, Charles J. Guiteau, trató de utilizar en su favor esta circunstancia aduciendo que la causa última de la muerte del presidente había sido una «negligencia médica». De poco le serviría: el 30 de junio de 1882, casi un año después de su crimen, sería ahorcado en Washington D. C. Tras su ejecución, un equipo médico extrajo su cerebro y lo analizó en busca del origen de su locura. No hubo suerte.

Grabado del asesinato de James A. Garfield, publicado en el Periódico ilustrado de Frank Leslie. 16 de julio de 1881.

Un cúmulo de errores

De caracteres completamente diferentes, Zumalacárregui y Garfield resultaron igualmente ser dos pacientes muy distintos. El militar vasco contestó a un ayudante del pretendiente que se había interesado por su salud con un seco «¿Que cómo me siento? No me hace mucho provecho tener la pierna atravesada por un balazo». Por contra —siempre que demos por buena la anécdota que dejó escrita en sus memorias el conserje de la Casa Blanca Thomas F. Pendel—, en una ocasión, mientras su médico lo reconocía, el presidente trató de evadirse del dolor contándole a su mayordomo cuándo había sido verdaderamente feliz por primera vez en su vida: el día que perdió los quince dólares con que iba a pagar su matrícula a la universidad y se los devolvió un chico que los había encontrado. Por lo demás, como hemos visto, Garfield aceptó seguir desde un primer momento los consejos de su médico, y los viajes que hizo, ya desde la estación donde le habían disparado a la Casa Blanca, ya desde esta hasta Nueva Jersey, siempre los hizo o en ambulancia tirada por caballos o en tren. Zumalacárregui, en cambio, se empeñó en seguir camino a Zegama sobre una incómoda camilla a hombros de sus soldados. Ambos resultaron heridos en verano y hubieron de soportar un calor húmedo y sofocante, pero a Garfield trataron de aliviárselo diseñando incluso un prototipo de aparato de aire acondicionado que, gracias al hielo, enfriaba su estancia. En contraste con estos cuidados y avances tecnológicos, a Zumalacárregui no le quedó otra que soportar el calor con estoicismo.

Con todo, al final unos pocos puntos en común entre

ambas historias resultarían decisivos. En efecto, pese a un mismo diagnóstico inicial que descartaba la gravedad de sus heridas, tarde o temprano, en ambos casos pareció conveniente localizar y extraer las balas. En aquellos tiempos, sin aparatos de rayos X, esta tarea era virtualmente imposible sin ensanchar el orificio de entrada y profundizar hasta el lugar donde el proyectil hubiese quedado alojado. El interés por extraerlo se debía a la creencia entonces de que la pólvora o el plomo podían envenenar la sangre. Además de eso, los pacientes a quienes se les extraían las balas se recuperaban mejor que aquellos que continuaban con ellas en su interior. Sin embargo, cuando el proyectil no era fácilmente localizable, los destrozos que las manipulaciones podían ocasionar al paciente incrementaban el riesgo de infección, multiplicando sus posibilidades de morir o, en el mejor de los casos, de sufrir amputaciones de los miembros afectados. Más en el caso de Zumalacárregui, cuya salud ya era de por sí precaria antes de la herida. Otro punto común entre ambos fue la aparente falta de medidas antisépticas en sus tratamientos. En el caso del comandante carlista, porque en su tiempo simplemente aún no se aplicaban. En el del presidente estadounidense, porque el doctor Willard Bliss, jefe del equipo de hasta quince médicos que lo atendieron, era un cirujano veterano de la guerra de Secesión, que ignoró olímpicamente cualquier medida antiséptica durante sus manipulaciones. Y como él, el resto de su equipo. En contraste, por cierto, con el extendido uso de estas medidas en Europa desde hacía ya más de diez años.

Todo parece indicar que la infección de las heridas por las nulas medidas antisépticas fue la causa última del fallecimiento de ambos. Y es que sin duda la higiene salva vidas. Seamos por tanto justos y reconozcámoslo: nuestras madres tienen razón. Una vez más.

PARA SABER MÁS

Álvarez Caperochipi, Javier, «La herida de bala del general Zumalacárregui. Una pierna a debate»: http://www.zumalakarregimuseoa.eus/es/actividades/investigacion-y-documentacion/investigaciones/cronicas-medicas-de-la-primera-guerra-carlista-1833-1840/cronica-v-zumalacarregui

Moral Roncal, Antonio Manuel, Las Guerras Carlistas, Madrid, Silex, 2006.

Nuland, Sherwin B., El enigma del doctor Ignác Semmelweis: fiebres de parto y gérmenes mortales, Barcelona, Antoni Bosch, 2005.

Vulich, Nicholas L., Asesinar al Presidente. Asesinatos presidenciales e intentos de asesinatos, Pontevedra, Babelcube, 2014.

INTER ARMA, CARITAS: LOS ORÍGENES DEL MOVIMIENTO INTERNACIONAL DE LA CRUZ ROJA Y DE LA MEDIA LUNA ROJA[1]

Un médico militar de Pamplona

A principios de septiembre de 1863 llegó a Madrid la noticia de un llamamiento público a una conferencia internacional que, según se anunciaba, tendría lugar en la ciudad suiza de Ginebra a partir del siguiente mes de octubre. El objetivo de la misma iba a ser nada menos que debatir sobre una gran obra filantrópica: cómo superar las carencias de los servicios sanitarios militares

---

[1] Agradecemos a la editorial Pamiela y a Guillermo Sánchez su autorización para reproducir en este capítulo, a veces literalmente, pasajes del estudio introductorio al libro de Nicasio Landa, *Muertos y heridos, y otros textos* (Pamplona, 2016).

en el auxilio de los soldados heridos durante un conflicto bélico. Por decirlo con delicadeza, no despertó ningún interés en las autoridades españolas. Y no fueron las únicas, la inmensa mayoría de las cancillerías europeas tampoco le dieron mayor importancia al encuentro. Por esta razón, días después, el 15 de septiembre, un ciudadano suizo llamado Henry Dunant cursaba desde Berlín una nueva invitación más detallada. De su nueva redacción se desprendía la posibilidad de que fuese a acordarse en la misma la inmunidad para los médicos y medios sanitarios militares. Al Ministerio de la Guerra esto ya le pareció lo suficientemente interesante como para comisionar a un médico militar: Nicasio Landa Álvarez de Carballo. En realidad una decisión sorprendente. Landa no era un alto mando, ni quien más experiencia tenía dentro del Ejército español y, si bien es cierto que hablaba con soltura francés e inglés, un poco de euskera y era capaz de leer en latín, alemán, italiano y portugués, tampoco era el único militar español que se manejaba con soltura en varios idiomas. Aunque tal vez fuese precisamente por eso por lo que lo eligieron a él, ya que además de encomendarle esta misión, lo cargaron con otros recados que no hubieran osado exigirle a alguien de mayor preeminencia: realizar un estudio sobre la organización de la sanidad militar suiza y otro sobre los remedios empleados en Bélgica para tratar la sarna. Sea por lo que fuere, la decisión no pudo ser más acertada.

Nicasio Landa, nacido en Pamplona en 1830, había aprendido muy pronto y a su pesar la importancia que tenía que los médicos y sanitarios militares no disfrutasen de dicha inmunidad. Su propio padre, Rufino Landa, médico-cirujano, higienista y profesor del Colegio de Medicina, Cirugía y Farmacia de Navarra, había sido expulsado de la gubernamental Milicia Nacional durante la primera guerra carlista, acusado de ayudar a los insurrectos por haber atendido a algunos heridos partidarios del infante don Carlos. Irónicamente, y pese a que toda su vida fue un convencido liberal, don Rufino aún habría de ver cómo años más tarde otro Gobierno nuevamente liberal lo deportaba de Navarra, esta vez acusándolo de extremista, tras haber participado en las protestas que tuvieron lugar contra la Ley Paccionada de 1841. Estas amargas experiencias familiares no le impidieron, sin embargo, seguir los pasos de su padre y cursar estudios de medicina. Lo hizo en la Universidad Central de Madrid, donde se doctoraría en 1856. Tan solo unas semanas después ingresaría mediante oposiciones en el cuerpo de sanidad militar. Un puesto que si bien le aseguraba una envidiable estabilidad laboral, lo obligaba a renunciar al deseo de vivir en su Navarra natal, atado a las necesidades del servicio. Y aunque con los años trataría de cambiar de profesión en varias ocasiones, siempre sería de forma infructuosa.

Aquellos eran años en los que, gracias a las duras lecciones aprendidas durante la guerra de Crimea, en todos los ejércitos europeos habían comenzado a surgir voces reclamando una renovación generalizada de la sanidad militar. Una reforma que iba más allá de la organización del servicio sanitario, exigiendo también modernizar la medicina militar y promover de forma decidida la higiene entre los soldados y en sus instalaciones. El joven Nicasio Landa participaría de esta corriente, ayudando a lanzar la primera revista especializada en medicina militar Memorial de Sanidad del Ejército y Armada que se publicó en España. Pero también fueron años de continuos conflictos —solo entre 1858 y 1862 España mantuvo guerras más o menos largas en Marruecos, en Conchinchina, situada al sur del actual Vietnam y contra Chile, Perú, Ecuador y Bolivia en la conocida como guerra del Pacífico— y al doctor Landa le llegó la hora de partir al combate. En concreto siguiendo a las tropas expedicionarias de los generales O'Donnell y Prim enviadas a luchar contra las del sultán de Marruecos, con la fútil excusa de que este había amparado un ultraje a la bandera española. Una experiencia que a la postre contribuiría a moldear su personalidad profesional. Por una parte, en Marruecos tendría ocasión de comprobar los efectos devastadores de la guerra moderna; y así, por ejemplo, los destrozos que provocaba en los heridos la nueva munición cilindro-cónica, lo llevarían a pedir la vuelta a los viejos proyectiles esféricos porque, a su juicio, cumplían el mismo cometido de «desarmar o inutilizar al enemigo» evitando un «encarnizamiento innecesario». Por otra, la campaña de Marruecos le permitiría entrar en contacto por primera vez con oficiales extranjeros con sus mismas inquietudes, enviados a esa guerra en calidad de observadores. Una costumbre esta de enviar «público» a las guerras que hoy día podría resultar llamativa, pero que entonces era norma habitual. Se dio la casualidad de que a uno de ellos, un capitán de la Guardia Real prusiana, Landa hubo de curarle las heridas que había recibido en una mano, lo que lo haría acreedor del honor de ser condecorado como caballero del Águila Roja por el Gobierno de esa nación. Este hecho fortuito contribuiría a aumentar la fascinación que sentía hacia la organización de las Fuerzas Armadas y los servicios sanitarios de ese país, y de la que daría sobrados testimonios a lo largo de su vida.

La batalla de Tetuán de Dionisio Fierros, 1894.

Aun así, en Marruecos no solo lucharon unos hombres contra otros, sino todos ellos contra las enfermedades. En concreto contra una epidemia de cólera que causó muchas más bajas que los propios combates y en la que Nicasio Landa dio también sobradas muestras de pericia. Habría de acreditar esta destreza de nuevo tres años después en las islas Canarias, durante la epidemia de fiebre amarilla que allí tuvo lugar. Landa seguía aceptando la teoría, todavía en boga por aquellos años, de los «miasmas» como agentes causantes de estas y otras enfermedades epidémicas. Sin embargo, admitía la inexistencia aún de una base científica firme sobre la cual fundar las prescripciones higiénicas para proteger a las poblaciones de ellas. Aunque confiaba en que pronto el progreso científico permitiría disponer de un «criterio cierto e infalible» para combatirlas, preconizaba, mientras tanto, una actitud pragmática alejada de cualquier confrontación de posiciones irreductibles entre quienes atribuían su causa a los miasmas y quienes las asociaban a un contagio. El mismo talante práctico e inconformista del que Landa haría gala en Ginebra.

Un emprendedor de Ginebra

Pero antes de entrar a describir la conferencia en la que Landa participó en Ginebra, convendría reparar un momento en aquel misterioso ciudadano suizo llamado Henry Dunant que fue capaz de engatusar a la mayoría de los Gobiernos europeos para que enviasen a ella observadores.

Nacido en Ginebra en 1828 en el seno de una influyente familia calvinista, el joven Henry fue educado por sus padres en el mismo fervor por la filantropía que les inspiraba a ellos. Así, pese a disfrutar de una vida acomodada, se familiarizaría desde niño con actividades como la atención a los huérfanos, el cuidado de los enfermos y otros proyectos sociales promovidos por ellos. Esta circunstancia influiría notablemente en la personalidad del hombre en que se convertiría con los años. Una vocación que además nunca abandonaría, participando activamente en iniciativas como la fundación de la Alianza Evangélica Suiza en 1847 o la organización de la primera conferencia mundial de la YMCA —Young Men's Christian Association— en 1857. Si bien ya desde

1849 se veía obligado a repartir su tiempo entre estas actividades y su vida profesional, tras haber de ingresar a los veintiún años como aprendiz de la sociedad de cambistas Lullin und Sautteren. Cuatro años más tarde, un hecho aparentemente trivial marcaría el principio del nuevo rumbo que en unos años tomaría su vida. Comisionado por la Compagnie genevoise des colonies suisses de Sétif para representarlos en Argelia y Túnez, entonces bajo la órbita colonial francesa, descubrió en estos territorios un lugar con enormes posibilidades empresariales. Y eso que esa primera experiencia no resultó en absoluto positiva pues los colonos suizos allí enviados hubieron de hacer frente a la miseria y a sendos brotes de cólera y fiebres tifoideas. Aun así, vivamente interesado en la explotación de esas tierras, en 1856 y actuando cada vez más al margen de su relación con la compañía ginebrina, lograba de las autoridades francesas una concesión de ocho hectáreas de terreno cultivable para crear allí la Société anonyme des moulins des Mons-Djémila. A partir de este punto surge un pequeño debate en torno a su biografía: según algunas fuentes, sus relaciones con las autoridades coloniales galas fueron bastante malas y, de hecho, aunque nuestro protagonista llegó a solicitar la nacionalidad francesa para facilitar y agilizar todos sus trámites administrativos, esta jamás le fue concedida. Para otras, en cambio, estas relaciones fueron muy positivas, conforme al hecho documentado de que a aquella primera adjudicación de ocho hectáreas le siguieron otras varias que incluían dos cascadas, concesiones mineras, varios centenares de hectáreas más de tierras de cultivos e incluso de robledales. De la misma manera, encontramos dos versiones diferentes para explicar el viaje a Europa que decidió emprender a mediados de 1859 y que tanta importancia tendrá en el devenir futuro de esta historia. Quienes defienden que su actividad empresarial en el norte de África estaba en peligro por culpa de las trabas que le ponían, sostienen que Dunant organizó ese viaje con el objetivo de pedir el amparo al emperador de los franceses Napoleón III. Quienes no opinan así, naturalmente creen que el motivo hubo de ser otro. Tal vez el apuntado por el periodista Josep Carles Clemente en su obra El cuaderno humanitario podría ser el más acertado:

> Dunant era un admirador de Napoleón III. Incluso había escrito un folleto sobre él: «El Imperio de Carlomagno restablecido, o el Sacro Imperio Romano reconstruido por Su Majestad, el emperador Napoleón III». De pronto se le ocurrió la idea de entregar personalmente al emperador de los franceses un ejemplar de su folleto, acompañando un informe de sus actividades en Argelia, así como sus pretensiones industriales y financieras.

Luis Napoleón III Bonaparte, sobrino de Napoleón Bonaparte, había logrado convertir a Francia en un imperio tras someter el proyecto a plebiscito en 1852. Apoyándose en el crecimiento económico y en una política exterior muy agresiva, con no pocas dosis de autoritarismo y censura, en los años siguientes lograría notables éxitos tanto a nivel nacional como internacional. Una carrera exitosa que terminaría a la postre en el campo de batalla de Sedán. Pero para eso aún faltaba una década, y en 1859 el emperador de los franceses estaba ocupado interviniendo militarmente en el proceso de unificación italiano contra el mismo Imperio austriaco que tantos quebraderos de cabeza le había dado a su tío. De esta manera, en lugar de dirigirse a París, Dunant hubo de viajar al norte de Italia, a la localidad lombarda de Solferino, donde se estaba librando la batalla que terminaría por decidir el resultado de la guerra en favor de las armas francesas y piamontesas. Una batalla que, en comparación con otras anteriores, tampoco puede decirse que provocara un número de bajas realmente alto. De hecho se calcula que de los más de 200.000 hombres que participaron en ella, pudieron morir unos cinco mil soldados de ambos bandos, cuando tan solo cinco años atrás, en la batalla de Inkerman, durante la guerra de Crimea, habían resultado muertos más de seis mil combatientes de un total de sesenta mil. Sin embargo, la batalla de Solferino a la larga cambiaría el rumbo de la historia, precisamente debido a Henry Dunant.

Aunque parece poco probable que asistiese a la propia batalla, la visión al día siguiente de miles de muertos y heridos abandonados a su suerte tantas horas después de finalizado el combate, mientras unos mínimos servicios sanitarios militares no daban abasto —pese al apoyo de las gentes del lugar— para atender a tantas bajas, dejaría una huella imborrable en Dunant. A partir de este momento se marcaría la meta de encontrar una solución siquiera para mitigar aquel sinsentido. Así —y a partir de este punto las dos versiones sobre su vida vuelven a converger—, Dunant regresa a Suiza donde escribe Un recuerdo de Solferino, obra que finalmente publicaría en 1862, corriendo él mismo con todos los gastos, y que se negó a sacar a la venta, por preferir hacerla llegar de forma gratuita a cuantos personajes influyentes consideraba que podrían unirse a su causa.

Henry Dunant en 1901.

Un comité de cinco filántropos

No eran tiempos en que se estilasen las condenas a la guerra, ni siquiera en la neutral Suiza. Muy al contrario, la inmensa mayoría de la población creía que, aun siendo la guerra un terrible mal, llegado el caso, el honor o la integridad de una nación habían de ser defendidos en el campo de batalla. El mensaje de Dunant partía de la asunción de esta idea, si bien argüía que las naciones, puesto que habían de recurrir a sus hombres para defenderse, en lugar de dejarlos moribundos tras los combates, debían al menos comprometerse a prestarles un socorro inmediato en caso de resultar heridos. E igualmente que, con el fin de ayudar a unos siempre insuficientes y desbordados servicios médicos militares, debía impulsarse en cada país la creación de sociedades voluntarias de socorro. Dunant supo apoyar estas ideas en unas vívidas descripciones del escenario que había contemplado en Solferino y que en 1864 Landa publicó en castellano en su crónica de la conferencia a la que había asistido en Ginebra:

> En el silencio de la noche se oyen gemidos lamentables, suspiros ahogados de angustia y de sufrimiento, voces desgarradoras que piden auxilio: ¡Quién podrá contar jamás las agonías de esta horrible noche! El sol del 25 iluminó uno de los espectáculos más terribles que pueden presentarse a la imaginación; los desgraciados que se van recogiendo todo el día están pálidos, lívidos, aniquilados. Unos tienen la mirada extraviada y no entienden lo que se les dice; pero esta postración no les impide sentir sus dolores. Otros están inquietos y agitados por una conmoción nerviosa y un temblor convulsivo; otros con sus heridas abiertas, que han comenzado a inflamarse, están como locos de dolor y piden que se les acabe de una vez. Otros desdichados hay que, además de la bala o la metralla que los tendió en tierra, tienen brazos o piernas rotos por las ruedas de la artillería que les ha pasado por encima. El que

recorre este inmenso teatro de combate de la víspera, encuentra a cada paso, en medio de una confusión sin igual, desesperaciones indescriptibles y miserias de todas clases. (...) Carpenedolo, Castelgofredo, Volta, todas las aldeas comarcanas especialmente Castiglione, se convierten en ambulancias donde entran en lamentable procesión los heridos que se van recogiendo en el campo de batalla. (...) Llenas las iglesias, llenas las casas, hay que habilitar las calles y plazas tendiendo paja y armando cobertizos de cualquier modo. (...) Sobre las losas de las iglesias yacen mezclados franceses y eslavos, árabes y alemanes; a pesar de lo que han sufrido, a pesar de las noches que han pasado en vela, no logran el descanso; imploran el socorro del médico o se retuercen desesperados en convulsiones que terminarán por la muerte o el tétanos. Algunos con la cara ennegrecida por las moscas que se adhieren a sus heridas, miran a todas partes y no ven. El capote, la camisa, las carnes y la sangre, todo forma una mezcla indefinible donde hierven los gusanos, cuya vista horroriza al paciente, que la cree producto de su cuerpo y no de los millones de moscas que infestan el aire. Aquí hay un soldado completamente desfigurado, cuya lengua sale desmesuradamente entre las mandíbulas fracturadas. Se agita, quiere levantarse, yo riego con agua fresca sus labios resecos y su lengua endurecida. Tomando un puñado de hilas empapadas en agua, oprimo esta improvisada esponja sobre la abertura informe que ha reemplazado a la boca. Allá hay otro desdichado a quien han llevado parte de la cara de un sablazo. (...) Otro con el cráneo abierto, espira derramando su cerebro sobre las losas. Sus compañeros de infortunio le empujan con los pies porque estorba el paso y yo protejo sus últimos momentos cubriendo con un pañuelo aquella pobre cabeza, que todavía se menea débilmente.

No es de extrañar que su mensaje calase entre muchos de quienes tuvieron la oportunidad de leer alguno de los mil seiscientos ejemplares de la primera tirada —según el propio Comité Internacional de la Cruz Roja hoy día este libro «ha sido traducido y reeditado tantas veces que es difícil saber cuántas versiones hay en el mundo»—. Como fue el caso de Gustave Moynier, un abogado de treinta y seis años perteneciente a una rica familia ginebrina de comerciantes y banqueros, que tiempo atrás había decidido dejar a un lado su carrera profesional como jurista para dedicarse a la filantropía al frente de la Sociedad Ginebrina para el Bienestar Público (Société genevoise d'utilité publique, SGUP), de la que llegaría a ser presidente, gracias a sus enormes dotes organizativas. Con Moynier estos sueños comenzarían a hacerse realidad. Ciertamente, a Gustave Moynier los temas bélicos no le interesaban gran cosa, pero lo cautivaron muchas de las ideas que Dunant proponía en su libro, y lo invitó a su casa a conversar sobre ellas.

Desde un primer momento Moynier ya tenía en su cabeza todo organizado, proponiendo la creación de un comité de cinco miembros compuesto por los médicos Louis Appia y Théodore Maunoir, el general suizo Henri Dufour y, naturalmente, el propio Dunant y él mismo. La elección de estos hombres, todos ellos integrantes de la SGUP, no era casual: Appia era un cirujano militar nacido en Hesse aunque de origen piamontés que durante los revolucionarios años de la década de los cuarenta —1847, 1848— había atendido a no pocos rebeldes heridos en Francia, Alemania o Suiza, y que en 1860 había publicado, con el apoyo de Moynier, un estudio titulado El cirujano de campaña o estudios prácticos sobre las heridas causadas por armas de fuego. Por su parte, Théodore Maunoir, cirujano como Appia, había sido quien había introducido a este último en la sociedad ginebrina unos años antes y era un firme defensor de su obra. Desgraciadamente Maunoir, que había tomado un papel muy activo en los primeros pasos del grupo, moriría prematuramente en 1869 privando a todos de sus agudas aportaciones. Mucho menos influyente sería, en cambio, el papel jugado por el general Dufour, si bien, gracias a su enorme popularidad en Suiza tras haber sofocado la revuelta católica del Sonderbund, dio al grupo una relevancia que ninguno de los restantes miembros podía proporcionarle. Un detalle que a Moynier no se le escapaba, sabiendo explotarlo con gran inteligencia en favor de su pequeño grupo. Una vez creado, el grupo conocido como «Comité de los Cinco» se encargó de debatir sobre las posibilidades de llevar a la práctica las ideas expuestas por Dunant. O al menos algunas de ellas. Alguna, como considerar a los sanitarios agentes neutrales, y por tanto bajo protección de todas las partes, no gustó en absoluto a Moynier, quien sencillamente decidió apartarla de la agenda del grupo. Esta decisión disgustó profundamente a Dunant, haciendo que entre ambos comenzase a surgir una mutua antipatía. En todo caso, la fecha de la primera reunión del Comité de los Cinco, el 17 de febrero de 1863, se considera hoy día como la de la fundación del Comité Internacional de la Cruz Roja.

De las primeras reuniones de este grupo surgiría la idea de organizar la conferencia de octubre de ese mismo año. Precisamente aquella a la que acudiría Nicasio Landa junto con representantes de la sanidad militar de otras dieciséis naciones europeas, así como de varias organizaciones filantrópicas. Con un estilo propio de su época, Landa nos presentaría así esta conferencia en la crónica que posteriormente dejó escrita de la misma:

> Allí donde los Alpes se ostentan más grandiosos, donde el Monte Blanco oculta entre las nubes sus brillantes cúpulas de hielo secular, a orillas del Lheman [sic], cuyas límpidas aguas reflejan las imágenes de Bonivard y de Rousseau; allí donde nace el Ródano caudaloso, han ido a reunirse los médicos militares de la frígida Suecia y de la España ardiente, de Rusia y de Francia, de las islas de Albión y de los numerosos reinos de Germania. Allí se han encontrado los que en épocas diversas y en opuestos bandos han restañado la sangre de los guerreros en los campos de Argelia, del Holstein, de Hungría, de Crimea, de Italia, de Marruecos, de la India y de Siria. Y al lado de estos apóstoles de la paz en la guerra, de la salud en la mortandad, veíanse delegados de las sociedades de beneficencia, jefes militares, agentes diplomáticos, y por último, estaba allí también representada la orden hospitalaria y militar de San Juan de Jerusalén.

Un sello de Guinea Bissau que muestra a Henry Dunant. 1985.

Una cruz roja

De la idoneidad del lugar elegido para acoger la conferencia, todavía hoy podemos hacernos una idea personalmente. Situado en el sur de la ciudad, el Palais de l'Athénée es un magnífico palacio construido por iniciativa del mecenas local Jean-Gabriel Eynard para albergar a la Sociedad de las Artes de Ginebra y que no solo permanece abierto sino que incluso es posible visitar. Además, gracias a una reciente restauración, han recuperado todo su esplendor sus salas ricamente decoradas siguiendo el estilo burgués imperante en la época, que sirvieron de foro y residencia para los invitados durante los días 26 a 30 de octubre de 1863. Y para imaginarnos el clima de entusiasmo generado entre los asistentes, nada como unas palabras pronunciadas entonces por Nicasio Landa, que resumían los ideales que les habían llevado allí. Unas palabras, por cierto, que luego serían recordadas reiteradamente, por Appia o Dunant entre otros:

> No olvidemos, señores, que el socorro que pide un soldado al caer al pie de su bandera, es algo más obligatorio que un acto de pura caridad: lo que ese soldado reclama es una deuda sagrada, deuda que a todos obliga, sean pobres o ricos, grandes o pequeños; porque a todos toca y a todos interesa, más que la propiedad, más que la familia, más que la vida, el tesoro sagrado del honor nacional, cuya defensa se confía a quienes forman los ejércitos. No, no es una limosna lo que pide el soldado al pedir un puñado de hilas, sino el pago de una deuda de honor y felizmente no sé de ningún gobierno, no sé de ningún pueblo, que sea capaz de discutirla, ni de regatear la sangre generosa de los defensores de la independencia, del orden o de la libertad.

Para lograr ese magnífico objetivo —no olvidemos que se encontraban a mediados del siglo XIX tratando de resolver un problema que había acompañado a la humanidad desde el principio de los tiempos—, se expusieron y debatieron algunas de las ideas planteadas por Dunant en su libro Un recuerdo de Solferino. En concreto, aquellas dos que posteriormente Gustave Moynier y el conjunto del Comité de los Cinco habían considerado factibles: la fundación de sociedades nacionales de socorro que ayudasen a los servicios sanitarios de los ejércitos y la redacción de un tratado que obligase a los ejércitos a prestar asistencia a todos los soldados heridos sin importar su bando.

Miembros fundadores del Comité Internacional de la Cruz Roja.

La primera idea quedaría plasmada en un acuerdo de diez puntos que estipulaba la creación en cada país de un comité permanente de socorro a los heridos secundado por cuantas secciones se juzgasen necesarias, cuyo mandato consistiría en ayudar en tiempo de guerra y por todos los medios que tuviese a su alcance a los servicios sanitarios de los ejércitos (artículos 1 y 2). Unos comités que en todo caso habrían de mantener relaciones con sus respectivos Gobiernos nacionales para ofrecerles sus servicios en caso de necesidad (artículo 3). Además, se especificaba que en tiempo de paz, esos comités y sus secciones se ocuparían de tener listos los recursos que pudiesen serles útiles en tiempo de guerra, especialmente preparar materiales de todo género y formar e instruir enfermeros voluntarios (artículo 4). Por su parte, en tiempos de guerra, estos comités nacionales suministrarían, en la medida de sus recursos, socorro a sus ejércitos respectivos, organizarían y movilizarían a los enfermeros voluntarios y además habilitarían, de acuerdo con la autoridad militar, locales para cuidar a los heridos, pudiendo para ello solicitar la ayuda de los comités de naciones neutrales (artículo 5). Los comités, finalmente, a petición o con el consentimiento de la autoridad militar, podrían enviar enfermeros voluntarios al campo de batalla, que automáticamente quedarían bajo la dirección de los jefes militares, corriendo por cuenta de sus comités cuanto pudiesen necesitar para su mantenimiento (artículos 6 y 7).

Esta primera gran idea de Dunant quedaría francamente mejorada pues, además, se pondría orden en el desconcierto existente hasta entonces entre los distintivos que llevaban los servicios sanitarios de cada nación: rojo en Francia, blanco en Austria, amarillo en España, negro en otras naciones... Se trataba de un problema que causaba serios estragos al provocar innumerables equívocos entre aliados y enemigos, y que aún se agudizaba más en algunos ejércitos, en los que los colores y distintivos variaban también en función del arma al que perteneciesen. No debe extrañarnos que fuera, según las actas de aquellas reuniones, el propio doctor Appia quien introdujese el tema, pues este ya lo había planteado en la primera reunión del Comité de los Cinco del 17 de febrero:

El doctor Appia insiste sobre la importancia de un signo distintivo e internacional y solicita que se añada en el primer párrafo: «La Conferencia propone un brazal blanco en el brazo izquierdo». No hay que privarse de la acción que pueda ejercer un símbolo que, como la bandera para el soldado, despierte en el corazón, solamente al verlo, el espíritu de servicio que aquí se encarnaría en una idea, la más generosa, en una empresa común a toda la humanidad civilizada.

Aunque no lo sabemos con certeza, la razón que llevó a Appia a elegir el blanco bien pudo radicar en que era el color tradicionalmente vinculado a la propuesta de parlamento o rendición. En todo caso, su sugerencia quedaría finalmente plasmada en el artículo octavo de la siguiente manera: «Llevarán en todos los países, como signo distintivo uniforme, un brazal blanco con una cruz roja». Tampoco quedó en dichas actas constancia escrita de quién propuso o por qué motivo la adición de esa cruz roja, así que habremos de movernos de nuevo en el resbaladizo campo de las elucubraciones, pero creemos acertada la hipótesis de que, más allá de cualquier simbolismo religioso, se añadió como homenaje al país promotor de la idea, Suiza, al reproducir, con los colores invertidos, su bandera nacional.

Los dos últimos puntos de este decálogo hacían referencia a la posibilidad de que los diferentes comités nacionales pudiesen reunirse en congresos internacionales para comunicar sus experiencias y a intercambiarse entre ellos comunicaciones por medio del comité de Ginebra.

Un «voto» que cambió la historia

De forma sorprendente, además de estos diez puntos, el acuerdo final añadía otros cuatro votos independientes a las resoluciones anteriores enumerados con las cuatro primeras letras del alfabeto. El primero de ellos, el «voto A», conminaba a los Gobiernos a conceder su protección a los comités de socorro que se formasen, facilitando en todo lo posible el cumplimiento de su mandato. El tercero y el cuarto, los «C» y «D», recomendaban lógicamente que se admitiera un signo distintivo idéntico al allí aprobado —esto es la cruz roja sobre fondo blanco— para los cuerpos sanitarios de todos los ejércitos, así como para las ambulancias y los hospitales. Finalmente, el voto «B», el cual sabemos que suscitó inicialmente dudas y reticencias en Gustave Moynier, exhortaba a los gobernantes de todo el mundo a «que la neutralidad de las ambulancias y hospitales militares sea proclamada, en tiempo de guerra, por las naciones beligerantes, y que sea igualmente admitida, del modo más completo, para el personal sanitario oficial, para los enfermeros voluntarios, para los habitantes del país que acudan a socorrer a los heridos y para los heridos mismos». Neutralidad sí. Y no solo para sanitarios y voluntarios, también para habitantes del país e incluso para los propios soldados heridos.

¿Qué o quién provocó un cambio tan drástico en el programa inicial? No fue Dunant directamente, eso parece seguro. Semanas atrás había viajado al Congreso Internacional de Estadística en Berlín, celebrado a primeros de septiembre, donde había entrado en contacto con el médico militar holandés Johan Hendrik Christiaan Basting. A Basting le habían hecho llegar desde Suiza uno de los ejemplares de Un recuerdo de Solferino, y él no solo lo había traducido al holandés, sino también al alemán, con el fin de llevarlo y publicitarlo precisamente dentro de ese mismo Congreso Internacional. Una vez allí reunidos Basting y Dunant, y sin que este lo consultara previamente con los otros cuatro miembros del comité de Ginebra, ambos habían propuesto añadir el estudio de la inmunidad para los médicos y sanitarios militares, al segundo llamamiento a la conferencia de Ginebra que se hizo llegar a las cancillerías europeas desde Berlín. Este fue, como ya hemos dicho al principio de este capítulo, el reclamo que hizo que la mayoría de Gobiernos enviasen observadores. Sin embargo, Moynier consideraría esta decisión como una afrenta personal, profundizando aún más sus desavenencias con Durant y provocando que este quedase relegado a un papel muy secundario durante el congreso de octubre. Aun así, siendo cierto que Dunant y Basting apoyaban la inmunidad del personal médico profesional y voluntario, y que Basting no dudó en presentar la idea en los debates pese a las reticencias de Moynier, ello no permitía explicar cómo se pudo finalmente extender esa inmunidad también a los propios enfermos. Un apunte del propio Gustave Moynier arroja algo de luz sobre el tema:

> El sr. Dr. Landa cree que, habiendo de emitir un deseo, debe hacerse de la manera más amplia posible, y por tanto da las gracias a la mesa por haber aceptado la propuesta que hizo para que los beneficios de la neutralidad fueran extensivos a los heridos. Como oficial de sanidad de un ejército, el dr. Landa jamás hubiera podido aceptar por lo que a él toca, una exención de riesgos para las personas de los médicos militares si de ella no fueran partícipes los heridos, pues la misma suerte deben correr unos y otros.

De esta manera, parece aclararse casi con total certeza

quién propuso la neutralidad de los heridos, aunque persista la incógnita acerca de quién pudo recomendar que esta se extendiese también a los civiles que ayudasen a los heridos. Sea como fuere, el caso es que finalmente ambas propuestas resultaron aceptadas y se añadieron a la ya de por sí novedosa inmunidad para el personal sanitario militar y voluntario.

Póster de 1917 para ayuda a la Cruz Roja Francesa.

Acaban de surgir las sociedades de socorro en favor de los Militares Heridos, que hasta principios de la década de 1870 no serían conocidas como sociedades nacionales de la Cruz Roja. Igualmente, el pequeño Comité de los Cinco pasaba ahora a ser el Comité Internacional de todas estas sociedades, cuyo primer presidente fue el general Dufour; su vicepresidente, Gustave Moynier, y su secretario, Henry Dunant, por más que a este, salirse con la suya, le hubiera costado quedar relegado a un papel secundario. En cualquier caso, tras cuatro días de deliberaciones, quedaba felizmente clausurada la conferencia. Dejemos que sea de nuevo el propio Nicasio Landa con su personal estilo quien nos describa estos últimos momentos y sus consecuencias inmediatas:

> Esta hermosa excitación a la caridad en lo que tiene de más noble, a favor de lo que hay más necesitado, no ha sido desoída, ciertamente, y, como decía L´Opinion Nationale al dar cuenta de la Conferencia, pocas veces una idea humanitaria ha andado tan brevemente su camino. Instalado en Ginebra el primer comité de socorro bajo la presidencia del venerable general Dufour; apoyada la idea de Mr. Dunant por la prensa francesa, suiza y alemana; favorecida por la adhesión de augustos personajes, de distinguidos militares, de eminentes filántropos; robustecida por el apoyo que encontró en el Congreso de Estadística de Berlín, donde la cuarta sección, compuesta en parte de médicos militares, dio acerca de ella el informe más brillante, se presentó a todas las naciones de Europa convocándolas a una conferencia donde sus medios de realización quedaran aprobados.

Efectivamente, aún restaba la parte más difícil. Había que tratar de hacer realidad también la segunda gran idea de Dunant a la que antes hemos hecho referencia: la firma de un tratado internacional que obligase a los ejércitos a prestar asistencia a todos los soldados heridos sin importar su bando. Así que, como apunta Landa, a fin de preparar el terreno para este siguiente paso, se hizo llegar a todas las cancillerías europeas un cuestionario donde se les preguntaba si sus Gobiernos estaban dispuestos a conceder su apoyo al comité de socorro que se ha formado en su propio país; si aceptaban en tiempo de guerra el principio de neutralidad de las ambulancias, los hospitales militares, el personal sanitario, etc.; y por último, si podría admitirse universalmente un signo bajo la forma de una bandera blanca con una cruz roja.

Un Convenio Internacional

Aunque los conferenciantes de octubre de 1863 habían dado un gran paso, no puede olvidarse que en ningún caso eran competentes para dictar normas a ningún Gobierno. Por eso, el Consejo Federal de la Confederación Suiza decidió acudir en su ayuda para completar su obra convocando, unos meses después, una conferencia diplomática destinada a acordar un convenio que obligase a todos sus firmantes a respetar los principios recién alumbrados. Este objetivo estaba muy lejos de ser sencillo. Para las potencias europeas firmar el convenio implicaba reconocer que los servicios médicos de sus ejércitos tenían notables deficiencias. Y lo que era aún peor: que necesitaban la ayuda de civiles, con quienes habrían de contar ya en los preparativos bélicos. Ello sin olvidar que, desde el momento en que el convenio entrase en vigor, ya no podrían hacer prisioneros a los heridos enemigos, perdiendo así una baza anímica que había estado presente en todas las negociaciones de paz hasta la fecha. Además, al menos en el caso español, este acuerdo despertaba recelos en muchos miembros de la sanidad militar que, al ser considerados neutrales y por tanto inviolables, temían que se les despojara no solo de los riesgos que entrañaba su condición de militares, sino también de las recompensas, salarios y honores recibidos por aquellos colegas suyos que tenían mando sobre tropas. Precisamente, cuando ellos llevaban años exigiendo que se equipararan sus sueldos porque también corrían no pocos riesgos atendiendo a los heridos.

Pese a todo, tras no pocas presiones diplomáticas entre otros de Napoleón III, el 8 de agosto de 1864 daban comienzo las conversaciones previas a la firma del acuerdo. En esta ocasión el lugar elegido fue el Hôtel de Ville —originalmente sede del Ayuntamiento de Ginebra y hoy día del Gobierno del cantón—, un ecléctico edificio de planta renacentista al que posteriormente se le fueron añadiendo elementos ornamentales de diversos estilos. Este edificio no sería la última vez que albergaría unas conversaciones históricas. Prueba de ello es que la sala donde se fraguó esta Convención, se conoce por el exótico nombre de «salle de l'Alabama», porque en ella se puso final, en 1872, al largo litigio que mantuvieron los Estados Unidos y el Reino Unido a cuenta del buque corsario confederado CSS Alabama. Según los norteamericanos, desde su construcción en el astillero inglés de Birkenhead en 1862 hasta que lo mandaron a pique frente al puerto francés de Cherburgo en 1864, esta corbeta de guerra logró hundir, gracias a la ayuda del teóricamente neutral Reino Unido, 65 barcos de la Unión, ocasionándole unas pérdidas cercanas a los seis millones de dólares de la época —casi cien millones de hoy día—. Al final del proceso legal, el Reino Unido aceptó pagar quince millones y medio de dólares. La sentencia marcó un hito en la historia de los arbitrajes internacionales. Y por si fuera poco, en el mismo edificio tendría lugar en 1920 la primera reunión de la malograda Sociedad de Naciones.

Mucho antes de que todo eso tuviese lugar, el 22 de agosto de 1864, los representantes de doce naciones —Portugal, España, Francia, Bélgica, los Países Bajos, Dinamarca, Suiza, Italia y los ducados y reinos germanos de Baden, Hesse, Württemberg y Prusia— rubricaban el que pasaría a la historia como «Convenio de Ginebra para el mejoramiento de la suerte de los militares heridos en los ejércitos en campaña». Por cierto, como representantes suizos figuraban el general Henri Dufour, Gustave Moynier y el coronel Samuel Lehmann, un médico militar suizo que formaba parte del Consejo Nacional. Ni rastro ya de Henry Dunant. Este convenio dividido también en diez artículos estipulaba que, siempre que no estuviesen protegidos por fuerzas militares, todos los hospitales y ambulancias serían considerados neutrales y por tanto respetados por los beligerantes mientras hubiese enfermos o heridos en ellos (artículo 1). E igualmente que, mientras hubiese heridos que recoger y atender, todo el personal médico —desde los encargados de la intendencia y la administración, hasta los sanitarios y capellanes— sería considerado también neutral (artículo 2), pudiendo continuar desempeñando sus labores incluso cuando el hospital fuese ocupado por fuerzas enemigas que, en cualquier caso, debía comprometerse a garantizar el regreso a sus filas de este personal cuando así lo solicitase (artículo 3). Respecto al material de los hospitales, se consideraba que pasaba a manos de los ocupantes, mas no así el de las ambulancias, que no podría requisarse (artículo 4). En cuanto a la población civil que atendiese a los enfermos y heridos, quedaría no solo bajo el amparo de esta misma neutralidad, sino también dispensada de acoger tropas en sus casas o pagar contribuciones (artículo 5). Los militares heridos, por su parte, habrían de ser recogidos y atendidos sin importar su nacionalidad y, una vez sanados, devueltos a su país si se les hubiera considerado inútiles para el servicio (artículo 6). Este mismo artículo también dejaba abierta la posibilidad de que aquellos militares que, aun estando en condiciones de volver al frente, jurasen no empuñar nuevamente las armas, pudiesen ser liberados. Además, se imponía la exigencia de que tanto hospitales como ambulancias habrían de enarbolar una bandera blanca con una cruz roja junto a su enseña nacional, e igualmente un brazalete blanco con una cruz roja, el personal considerado neutral (artículo 7). Los tres últimos artículos dejaban en manos de los altos mandos militares los detalles de la ejecución del tratado (artículo 8) y en las de los Gobiernos firmantes la comunicación de este acuerdo a los países que aún no lo hubieran suscrito para que se uniesen a él (artículo 9), estipulando que todas las ratificaciones habrían de canjearse en Berna en el menor tiempo posible (artículo 10).

Pronto comenzaría el constante goteo de nuevas naciones que fueron suscribiendo lo allí estipulado. Los

Reinos Unidos de Suecia y Noruega —entre 1814 y 1905 ambas naciones permanecieron ligadas por una unión personal— en 1864; el Reino Unido, el Imperio otomano y Grecia al año siguiente; Sajonia, Baviera y el Imperio austriaco en 1866; el Imperio ruso en 1867; la Santa Sede en 1868, y los Estados Unidos de América en 1882. Años antes, en 1874, lo había suscrito El Salvador, primera república americana en hacerlo, a la que seguirían en 1879, y en cuestión de meses, Bolivia, Chile y Argentina, sumándose Perú al año siguiente. ¿Pero cómo podrían explicarse estas prisas por redactar y ratificar un tratado de semejante calado? Tal vez la respuesta radique en el vertiginoso progreso industrial y tecnológico de aquellas décadas, que había revolucionado absolutamente todas las facetas del conocimiento humano, incluida desgraciadamente la industria armamentística. Sirva el dato de que, durante las guerras napoleónicas, un buen tirador podía efectuar tres disparos con su fusil largo, mientras que medio siglo después, un fusil Winchester modelo 1866 tenía una cadencia de veintiocho disparos por minuto. No había que ser un visionario para prever que las guerras venideras se convertirían en auténticas carnicerías. De esta manera, esos futuros conflictos quedarían humanizados. Una deducción sumamente pesimista, pero no exenta de lógica.

El Convenio de Ginebra hubo de esperar muy poco tiempo para recibir su bautismo de fuego: en 1866 estallaba la guerra austro-prusiana, y solo cuatro años después, la guerra franco-prusiana que desembocaría en la unificación alemana y en la caída de Napoleón III. Fue precisamente con ocasión de este último conflicto cuando el Comité Internacional establecería la primera

Agencia de Información para familias de soldados heridos o capturados. Por desgracia, aún habría muchas más ocasiones de poner a prueba lo acordado en él, mientras iban estableciéndose sociedades nacionales de socorro a los heridos en toda Europa. A principios del siglo XX se añadirían como beneficiarios del convenio los enfermos, heridos y náufragos de combates navales.

«Ayuda a la Cruz Roja», c. 1919.

Ciertamente, el Convenio de Ginebra supuso el primer paso del derecho internacional humanitario escrito. Sin embargo, olvidó absolutamente a un tipo concreto de combatientes: aquellos involucrados en guerras civiles; y también, por tanto, a quienes les pudiesen prestar asistencia médica.

Una guerra fratricida

En marzo de 1870, mientras se debatía en España una nueva ley de Orden Público, llegó al Parlamento una enmienda a iniciativa del Comité Provincial de Navarra de la Sociedad Universal de Socorro a los Heridos de Guerra —que ya pronto comenzaría a ser denominada como «La Cruz Roja. Asociación Internacional para Socorro a Heridos»—. El objetivo de esta ley, que venía a corregir y mejorar una mucho más restrictiva aprobada en 1867, era doble. Por una parte, regular derechos como los de reunión, asociación o manifestación. Por otra, tipificar en qué condiciones podía declararse el estado de guerra, es decir, aquel en el que el Ejército y los tribunales militares pasarían a ejercer la autoridad. La enmienda presentada buscaba que no se considerasen sediciosos ni rebeldes a aquellos miembros de sociedades filantrópicas que atendiesen a quienes hubieran resultado heridos en conflictos civiles. El 23 de abril de 1870 era publicada esta ley, incorporando a su artículo 22 un último párrafo en el que se asumía el espíritu de dicha proposición: «Se exceptúan de lo dispuesto en el párrafo segundo de este artículo los individuos de las asociaciones filantrópicas legalmente establecidas para el socorro de los heridos en caso de guerra». Es decir, que se les exoneraba del párrafo donde se indicaba que «serán considerados como presuntos reos los que se encuentren o hubieren estado en los sitios del combate durante este, sin perjuicio de probar su inculpabilidad, hallándose en el mismo caso los que sean aprehendidos huyendo o escondidos, después de haber estado con los rebeldes o sediciosos». Aunque el comité navarro también había solicitado infructuosamente que esta ley diese amparo a los propios sediciosos heridos, sin duda había logrado un notable éxito. Se trataba, de hecho, de un caso único en la protección normativa dentro del derecho comparado europeo de la época. En noviembre de ese mismo año, además, el Comité Central logró que el Gobierno enviase a sus milicias de voluntarios civiles una circular donde se les informaba de la existencia de una asociación «cuyos beneficios ha hecho extensivos a todos los heridos en las luchas civiles que por desgracia pudieran ocurrir». Con todo ello, Nicasio Landa, uno de los impulsores del comité navarro de Cruz Roja, se cobraba por fin la deuda que la historia había contraído con su padre casi cuatro décadas atrás cuando había sido castigado por prestar auxilio a unos heridos carlistas, guiado por su espíritu humanitario.

Desgraciadamente, tan solo dos años después estas directrices humanitarias serían puestas a prueba al estallar una nueva guerra civil entre el Gobierno liberal y los tradicionalistas partidarios de la línea dinástica del infante don Carlos, ahora encabezada por su nieto Carlos María de Borbón y Austria-Este, quien para los legitimistas era conocido como Carlos VII. Desde la caída de la reina Isabel II tras la Revolución de 1868,

España había vivido unos años muy agitados. O mejor dicho, aún más agitados que los anteriores. Primero un Gobierno provisional encabezado por el general Serrano había convocado unas Cortes Constituyentes que proclamaron una constitución, la de 1869, donde se establecía como forma de gobierno una monarquía constitucional y democrática. Después, y por influjo de otro general, Juan Prim, se había situado al frente del nuevo régimen a Amadeo de Saboya, el segundo hijo del artífice de la unificación italiana, el rey Víctor Manuel II. De la unificación italiana y, por tanto, del desmembramiento de los Estados Pontificios. Una decisión considerada ofensiva por muchos españoles, ya tradicionalistas, ya moderados, que comenzaron a agruparse en torno a la figura de don Carlos María. A resultas de ello, en las siguientes elecciones de 1871 el carlismo pasó de ser un movimiento residual a convertirse en la tercera fuerza más votada, si bien en las nuevas elecciones convocadas un año después debido a la inestabilidad política imperante, los carlistas pasaron de 51 a 38 escaños. Las fundadas sospechas de que los resultados se habían amañado, unidas a una campaña por parte del pretendiente para ganarse el favor de otras cortes europeas, desembocaron en una insurrección general que prendería con especial fuerza en los feudos históricos del tradicionalismo: las tres provincias vascas, Navarra, la comarca del Maestrazgo —enclavada en las provincias de Teruel y Castellón— y amplias zonas de Cataluña. A partir de ese momento, y pese al escaso éxito inicial, los carlistas tratarían de imponer ya únicamente por las armas a su candidato al trono, mientras en Madrid a la malograda monarquía constitucional de Amadeo I le sucedería una no menos malograda primera experiencia republicana.

Recogida de heridos por la ambulancia de Cruz Roja Española tras la batalla de Oroquieta (Navarra) en mayo de 1872.

De nuevo se veía Nicasio Landa en medio de una guerra, aunque esta vez no solo como médico militar del ejército gubernamental sino también como inspector general de la Cruz Roja Española. Un trabajo titánico en el que tan pronto dirigía convoyes de sanidad militar como de la Cruz Roja, recogiendo y trasladando heridos de ambos bandos, y pernoctando en campamentos tanto del Gobierno como de los carlistas. A ello sumaba su labor como publicista de la obra de la Cruz Roja, redactando informes y artículos para la prensa. Usualmente redactados en forma de cartas, en ellos, se relataban los estragos que la guerra estaba provocando, y se desmentían no pocos rumores sobre falsos crímenes perpetrados por ambos bandos, que venían a exacerbar aún más los ánimos. La promoción entre sus propias filas del respeto por los principios de la Convención de Ginebra, pese a no tratarse de heridos de una potencia extranjera, constituía una peligrosa labor entre dos orillas bañadas por el río de sangre de la guerra, que le valió algunos ataques feroces, dirigidos tanto contra él en persona como contra la propia Cruz Roja Española. Así, mientras los sectores más exaltados del bando institucional les acusaron de financiar al bando insurgente, algunos carlistas no menos encendidos insinuaban que la Cruz Roja y quienes formaban parte de ella no podían ser buenos católicos. Una organización, sostenían sus ideólogos, que aceptaba entre sus filas a protestantes, judíos, musulmanes y ateos para ejercer una falsa filantropía liberal en las antípodas de la caridad cristiana no merecía ningún respeto.

Nicasio Landa plasmaría estas vivencias en un conjunto de relatos bajo el título Muertos y heridos que recientemente rescataron del olvido Guillermo Sánchez y Jon Arrizabalaga y de cuyo estudio introductorio este capítulo es deudor en gran medida. En la obra de Landa pueden leerse descripciones como esta sobre uno de los muchos pueblos que sufrieron las consecuencias de aquellos salvajes conflictos:

> Yo recordaba que dos años antes había entrado en aquel mismo pueblo, después del combate de Arizala, y allí había inaugurado la Cruz Roja cubriendo con su pabellón a los heridos carlistas; y después de curarlos y socorrerlos con las primeras hilas y el primer dinero de la caridad internacional, había podido anunciarles, de parte del general Moriones y en honor del Convenio de Ginebra, que eran libres y podían ir a donde les conviniera.

> El pueblo entonces, lejos de huir de nosotros, nos había ofrecido todos sus recursos y yo había encontrado la más afectuosa hospitalidad. Hoy lo encontramos desierto y lo dejamos incendiado. ¡Negra desconfianza por una parte, negra correspondencia por la otra!.

Qué lejos quedaba aquello de sus optimistas descripciones de los paisajes suizos que había visitado diez años atrás, armado únicamente de buenas intenciones y fe en el futuro. Curiosamente, al final esta guerra no la terminaría ganando ni el bando republicano ni el carlista. Ni naturalmente el rey Amadeo I, que, cansado y desilusionado, había abandonado España en febrero de 1873. El 29 de diciembre de 1874, el general Martínez Campos se pronunció en Sagunto a favor de la restauración en el trono del hijo de la anterior reina, Isabel II, quien a partir de entonces pasaría a la historia como Alfonso XII. Pero con este golpe militar no solo se derrumbó en cuestión de horas el régimen republicano, también los carlistas vieron cómo muchos de sus apoyos se pasaban al nuevo monarca, quien les prometió todo tipo de favores si abandonaban la lucha. El resto, aunque resistió con igual fiereza, ya no pudo hacer frente a la avalancha de soldados que cayó encima de ellos y que terminó conquistando su capital, Estella, a finales de febrero de 1876. Tanta sangre derramada, para eso.

Una media luna roja

Aún no habían cesado los combates en España cuando una cadena de revueltas sumió en el caos a la península de los Balcanes, aún por entonces bajo el dominio más o menos directo del Imperio otomano. En la primavera de 1875 estallaba una violenta insurrección armada entre la población de origen serbio de Herzegovina, que en agosto se extendería a Bosnia. Y en abril del año siguiente la población cristiana de Bulgaria protagonizaría otra más. Pese a que al principio los otomanos trataron de negociar, pronto optarían por desatar una dura campaña de castigo contra los rebeldes en concreto y la población cristiana en general. En esta represión salvaje, destacarían por su crueldad los Bashi-bazouk, unas indisciplinadas tropas irregulares que vivían únicamente del botín que lograban arrebatar a sus víctimas, y cuya actuación provocó una oleada de indignación en toda Europa. Comenzando por las cortes de los principados autónomos de Montenegro y Serbia, nominalmente dependientes del sultán otomano, pero también cristianas y, por tanto, completamente identificadas con la causa de aquellas comunidades. Incluso entre diplomáticos, intelectuales o artistas del resto del continente, como el gran pintor ruso Konstantin Makovsky, quien reflejó en una de sus mejores pinturas las vejaciones a las que eran sometidas las mujeres búlgaras. Una de las muchas trágicas historias que traían consigo un creciente número de refugiados que buscaban amparo tras las fronteras serbias o montenegrinas a medida que pasaban los meses. Esta criminal represión, lejos de acabar con las revueltas, solo sirvió para agravar más aún la situación. En junio de 1876, Serbia y Montenegro unían sus fuerzas a los rebeldes, convirtiendo sus exhaustos levantamientos en un conflicto internacional.

En este contexto de guerra entre naciones, pero también y sobre todo étnica y religiosa, el 16 de noviembre de 1876 las autoridades otomanas informaron a las suizas, como depositarias de la Convención de Ginebra que ellas mismas habían suscrito en 1865, de que a partir de entonces, sus hospitales, ambulancias y personal médico lucirían una media luna roja en lugar de la cruz roja que representaba a las asociaciones de socorro a los heridos. Argumentaban su decisión en el hecho de que la visión de la cruz, un símbolo eminentemente cristiano, hería las susceptibilidades de los muchos soldados musulmanes de su ejército. Si bien, añadían, seguirían respetando la neutralidad de aquellos que se encontrasen bajo la protección de la cruz roja. El Comité Internacional de la Cruz Roja respondería ya en enero de 1877 mediante un artículo publicado en su Boletín Internacional de Sociedades de la Cruz Roja afirmando que «la adopción de un signo internacional es indispensable, aunque el acuerdo sobre este punto quizá no sea incompatible con la tolerancia de algunas variaciones de detalle». No habían pasado aún quince años, y el indudable logro de poner fin a la multiplicidad de distintivos entre los diversos cuerpos sanitarios estaba a punto de irse a pique. Sin embargo, priorizando el auxilio a los enfermos y heridos, finalmente se aceptó como solución de compromiso la adopción temporal de esa media luna roja hasta que el conflicto hubiese concluido.

Pero lejos de terminar, el 24 de abril de 1877 aún se elevarían más las tensiones cuando Rusia declarara formalmente la guerra al Imperio otomano, a la par que decenas de miles de hombres eran lanzados al combate a través de las enormes líneas fronterizas que ambos imperios compartían entonces en el Cáucaso y en los Balcanes. Al otro lado les esperaban unas fuerzas otomanas tal vez ligeramente inferiores en número y sensiblemente peor abastecidas, pero aun así muy bien fortificadas. En consecuencia, en lugar del honor y la gloria prometidos, ambos bandos tuvieron la enésima ración de muerte, destrucción y dolor de aquel conflicto, ahora codificada en batallas con nombres tan sonoros como los de «Gorni Dubnik», «Pleven» o la del «paso de Shipka». Y entre ambos bandos, en cada batalla, los hombres y mujeres de la Cruz Roja, ahora divididos entre quienes lucían una cruz y quienes exhibían una media luna. Ciertamente, Rusia también había firmado la Convención de Ginebra, y por tanto estaba obligada a proteger la neutralidad de quienes se amparasen bajo una cruz roja, pero en ningún momento se había comprometido a hacer lo mismo con quienes hubiesen buscado la seguridad de una media luna roja. Rápidamente el Comité Internacional de la Cruz Roja se puso en contacto con su comité en Rusia para que mediase ante el zar en busca de su consentimiento a la propuesta otomana. Tras unas complicadas negociaciones, finalmente el 24 de mayo consiguieron que el zar diera su aceptación. Y en junio el CICR logró de ambas partes el compromiso de que la Cruz Roja podría socorrer a los heridos de ambos bandos, ya fuera bajo una cruz roja o bajo una media luna roja.

El final de la guerra ruso-turca no llegaría hasta el mes de febrero de 1878. Viendo el Reino Unido que las tropas rusas podían entrar en Constantinopla y terminar logrando su ansiada salida al Mediterráneo, envió una flota como medio de presión al zar para que llegase a un final negociado. Ciertamente, los británicos preferían ver los estrechos en manos del renqueante Imperio otomano, que del amenazante Imperio ruso (medio siglo después miles de soldados de la Entente, muchos de ellos australianos y neozelandeses, pagarían esta decisión con su vida en Gallipoli, mientras trataban de arrebatar dichos estrechos precisamente a los otomanos). Ambos bandos firmaron el 3 de marzo el Tratado de San Stefano, que pocos meses después sería a su vez modificado en el Congreso de Berlín. Habría aún de esperarse hasta 1929 para que la media luna roja por fin se adoptara oficialmente como un emblema adicional de la Cruz Roja. Hoy día, este distintivo lo reconocen treinta y tres estados islámicos y desde 1986 la media luna roja ha pasado igualmente a integrar su nombre oficial: Movimiento Internacional de la Cruz Roja y de la Media Luna Roja.

Un personaje olvidado

Contra viento y marea, los comités nacionales de la Cruz Roja fueron superando este y otros obstáculos. Y ya bajo una cruz roja, ya bajo una media luna roja, la abnegada y altruista labor de sus hombres y mujeres pronto comenzaría a ser ampliamente conocida y reconocida. En agosto de 1895, el periodista y escritor Georg Baumberger conoció, mientras daba un tranquilo paseo por la ciudad suiza de Heiden, a un hombre de casi setenta años, larga barba blanca y aspecto desvalido, que resultó ser Henry Dunant. El autor del famoso Un recuerdo de Solferino e inspirador de la Cruz Roja Internacional llevaba años desaparecido de la vida pública, o para ser más precisos, olvidado por la sociedad. Pocas semanas después, Baumberger publicaba en la revista alemana Über Land und Meer un artículo titulado «Henri Dunant, el fundador de la Cruz Roja», acompañado de una foto a gran tamaño de su protagonista. Una foto, por cierto, que serviría en 1959 para ilustrar una tirada de sellos chilenos de veinte pesos dedicados a conmemorar el centenario de su visita a Solferino. En cuestión de meses, su artículo había dado la vuelta a Europa, siendo traducido y publicado en otras muchas revistas y diarios.

Nadie hubiera podido imaginar esta historia en aquel lejano bienio 1863-1864, cuando Henry Dunant se convertiría en uno de los personajes del momento, como principal inspirador del movimiento internacional de la Cruz Roja. En 1865 el emperador Napoleón III lo había nombrado caballero de la Legión de Honor, y al año siguiente, tras la guerra austro-prusiana, el rey de Prusia Guillermo I lo había invitado a Berlín a presenciar el desfile de la victoria, en el que las banderas de la Cruz Roja marcharon junto a las prusianas. Sin embargo, dentro del Comité Internacional las cosas no le iban igual de bien. Su distanciamiento con Gustave Moynier era cada vez más patente, como había quedado claro durante el Congreso Internacional que

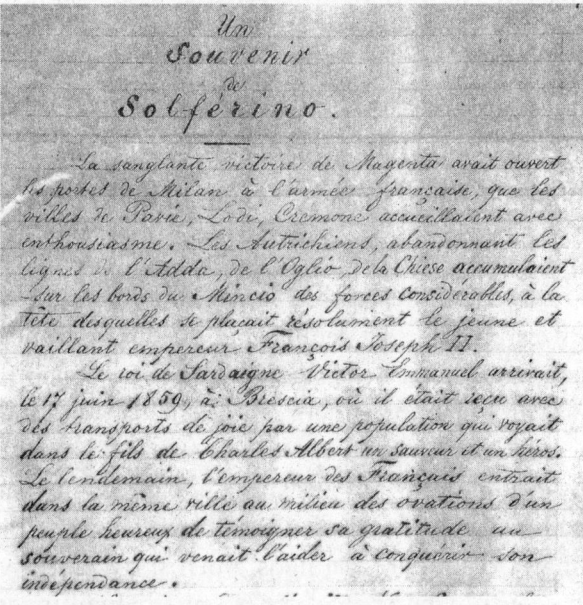

Primera página del manuscrito de Un recuerdo de Solferino.

desembocaría en la firma de la Convención de Ginebra de 1864, y se recrudecería más cuando este último accediese a la presidencia del comité ese mismo año. Aun así, serían sus aventuras empresariales las que hundirían su imagen pública. A Dunant no solo lo movía la búsqueda de beneficios económicos, también se había enamorado del norte de África, de su cultura y de sus tradiciones, manteniendo siempre la esperanza de que con la llegada de las autoridades coloniales su situación de atraso secular solo podría mejorar —un pensamiento casi unánime entre la intelectualidad europea del momento—. Sin embargo, durante aquellos últimos años de esfuerzos y crecientes gastos en favor de la promoción de su idea de las sociedades de socorro a los heridos, había dejado casi totalmente abandonados sus intereses empresariales allí. Tras la concesión de la Legión de Honor, el emperador en persona le había garantizado la protección de sus negocios por parte del Gobierno francés, pero la deuda de estos había ido aumentando sin freno hasta hacerse inasumible. Finalmente, entre 1865 y 1866, una larga serie de catástrofes naturales —un terremoto, una sequía que parecía no tener fin, plagas agrarias, etc.— y una epidemia de cólera entre sus trabajadores terminaron por conducir a la ruina todo su proyecto empresarial.

En abril de 1867 se declaró en bancarrota ante la incapacidad para hacer frente a una deuda que ya era millonaria. Familiares, amigos y otros inversores veían cómo se esfumaba todo el dinero que habían invertido en su proyecto, mientras Dunant presentaba su dimisión como secretario del Comité Internacional de la Cruz Roja. Una decisión a la que se sumó su revocación como miembro del mismo el 8 de septiembre siguiente. Y algunos meses después llegaría el triste colofón a su aventura africana: el 17 de agosto de 1868 un tribunal ginebrino lo declaraba culpable de quiebra fraudulenta.

Arruinado y casi sin amigos con quienes contar en su Ginebra natal, Dunant tomó la decisión de trasladar su residencia a París. No serían en absoluto años fáciles: a los estragos derivados de su pobreza se unirían en 1870 los causados por la guerra franco-prusiana. En estas circunstancias, sin embargo, en lugar de hundirse del todo, se animaría a tratar de hacer realidad otro viejo anhelo suyo que ya había intentado que se aprobara en distintos congresos pasados: la celebración de una conferencia para abordar la cuestión de los prisioneros de guerra. Dunant logró que se prestara especial atención a este asunto en la conferencia organizada en París en junio de 1872 por una asociación denominada «Alianza universal para el orden y la civilización» (surgida como reacción a la Primera Internacional de los trabajadores), teniendo un destacado protagonismo en ella. Posteriormente, la Sociedad para mejorar la condición de los prisioneros de guerra, surgida de la Alianza y de la que Dunant era secretario general, promovió la idea de celebrar en París en mayo de 1874 una conferencia para discutir específicamente la adopción de una convención internacional en relación a los prisioneros de guerra. Sin embargo, esta iniciativa fue cortocircuitada por el Reino Unido y el zar de Rusia, celebrándose en su lugar una conferencia diplomática en Bruselas entre julio y agosto de ese año, de la que se excluyó a la Sociedad que inicialmente había promovido la idea. Aunque tampoco este nuevo fracaso le impidió impulsar otros proyectos filantrópicos, cada vez se encontraba más solo y arruinado, habiendo de vivir de las ayudas que le hacían llegar algunos amigos y familiares. En 1892, terminó instalándose definitivamente en el hospital de la ciudad de Heiden, donde lo encontraría aquel agosto de 1895 Georg Baumberger y donde pasaría los últimos dieciocho años de su vida.

Un personaje celebrado

Tras tantos años de penalidades, el artículo de Baumberger rescató su imagen del olvido. Pronto comenzaron a llegarle de nuevo los homenajes con motivo de la entrega de galardones como el premio suizo Binet-Fendt, la Orden de la Corona prusiana o la Orden de Cristo portuguesa, así como muestras de agradecimiento, incluida la del papa León XIII. Con todo ello, mejoraría sensiblemente su situación económica, pudiendo pasar sus últimos años lejos de la miseria que lo había acompañado los anteriores. Sin embargo, la presión de sus acreedores no cesaría nunca, y de hecho, cuando en 1901 le fue notificado que la comisión del Parlamento noruego encargada de elegir quién había de ser reconocido con el Premio Nobel, había optado por él y por el pacifista francés Frédéric Passy como merecedores del premio ex aequo, Dunant optó por que el importe del mismo permaneciese en Noruega. De esta manera, nunca cayó en manos de sus acreedores y, aunque tampoco él llegó a disfrutarlo jamás, al menos pudo legarlo en su testamento a las obras sociales que consideró oportunas. Por cierto, la decisión salomónica de entregar aquella primera vez el premio a dos personas dejó sentada, tras no pocos debates previos, una norma respecto a este galardón en concreto: podían considerarse merecedores del mismo quienes como Dunant hubiesen dirigido sus esfuerzos a hacer más llevaderos los estragos de la guerra lo mismo que quienes, como Passy, hubiesen destacado en la lucha por su abolición.

Bertha von Suttner, ganadora del Premio Nobel de la Paz en 1905. Fotografía de Carl Pietzner, 1906.

Aunque al final de su vida se le rindiesen estos tardíos homenajes, los años de penurias unidos a su edad terminaron provocando en Dunant un cuadro depresivo agravado por una creciente manía persecutoria. Dunant temía que Moynier o sus acreedores le fueran a envenenar, sumiéndose en un estado de permanente crispación y miedo. En todo caso, ello no le impediría mantener correspondencia con otros personajes distinguidos del momento, como la pacifista austrohúngara Bertha von Suttner —cuyo busto reproducen las monedas de dos euros acuñadas en Austria—, quien llegó a viajar a Heiden a exponerle su trabajo. Este sorprendió gratamente a Dunant, como también lo había hecho la labor desempeñada por la británica Florence Nightingale. De ahí que en los últimos años de su vida llegara al convencimiento de que tarde o temprano las mujeres terminarían jugando un papel mucho más decisivo que los hombres en la consecución de una paz duradera.

Según sus enfermeras, su último acto consciente fue enviarle a la reina italiana Elena de Montenegro un libro sobre los orígenes de la Cruz Roja, escrito por su viejo amigo Rudolf Müller y que él le dedicó personalmente. El 30 de octubre de 1910 fallecía en Heiden, siendo enterrado en Zurich pocos días después en un discreto funeral al que acudieron tan solo algunos de sus más cercanos allegados. Para entonces Dunant había renunciado a sus creencias calvinistas y se autodefinía como agnóstico.

Para rehabilitar su figura y legado, a principios de los años 60 el Comité Internacional de la Cruz Roja decidió instaurar la medalla Henry Dunant para «reconocer y recompensar los servicios excepcionales y los actos de gran abnegación en pro de la causa de la Cruz Roja y de la Media Luna Roja realizados por uno de sus miembros». Esta condecoración —una sencilla cruz roja unida a una cinta verde por su brazo superior y decorada con un medallón de bronce en su interior con la efigie en relieve de Dunant mirando hacia su izquierda y el lema «HENRY DUNANT 1828-1910»— se ha venido entregando de forma bienal desde el Congreso de Estambul de 1969, recayendo en personajes de la talla de Pierre André Tacier, quien en 1967 protegió a unas familias en el puente Allenby de Jerusalén aun a riesgo de perder su vida; de la enfermera húngara Katalin Durgo, quien destacó en el desempeño de sus funciones durante la Gran Guerra y la posterior epidemia de gripe de 1918 y trabajó después para la Cruz Roja Húngara; de Pavle Gregoric, de la Cruz Roja Yugoeslava, que llevó a cabo un ingente trabajo en favor de las víctimas del terremoto de Skopje —hoy día parte de la Antigua República Yugoslava de Macedonia— de 1963; de Manfredo Luis Jesús de Borbón y Bernaldo de Quirós, duque de Hernani, quien durante la guerra civil española trató de mejorar las condiciones de los niños expatriados y de posibilitar el reencuentro con sus familias; de María Luisa Torres de la Cruz, que llegó a ser presidenta de la Cruz Roja Chilena; y de Virginia Biagosh de Mencía, cariñosamente conocida en Honduras como Meneca de Mencía, quien tanto hizo a lo largo de las duras décadas de los ochenta, noventa y aun la primera del siglo XXI por los más necesitados de ese país. En otras muchas ocasiones, este reconocimiento ha recaído en algunos de los muchísimos miembros de la Cruz Roja y la Media Luna Roja muertos o asesinados en el desempeño de sus funciones; como Frantisek Janouch, quien tras pasar la Segunda Guerra Mundial en los campos de concentración nazis tratando en todo momento de mejorar las condiciones de los allí encerrados, participó activamente en la reconstrucción de la Cruz Roja Checoslovaca, falleciendo en 1965 en un accidente en acto de servicio; la enfermera Sarah Verónica Leomy, asesinada en Sierra Leona en 1993, o, por citar a uno más, el italiano Juan Pastor Ruffino, asesinado en Burundi en 1996.

Por lo demás, la memoria de Henry Dunant se rememora cada año el día de su nacimiento, el 8 de mayo, con la celebración del Día Mundial de la Cruz Roja y la Media Luna Roja.

Y en Latinoamérica...

El 11 de abril de 1891 una pulmonía acababa con la intensa vida de Nicasio Landa. Tras la última guerra carlista había volcado no pocas de sus energías en el Instituto de Derecho Internacional de Gante, del que era miembro desde su fundación en 1873, y que buscaba afianzar jurídicamente las relaciones internacionales en pos de la justicia y la paz. Hacía ya veintiséis años que, a iniciativa de José António Marques, se había fundado en Portugal un 11 de febrero de 1865 la Comissão Provisória para Socorros e Feridos e Doentes em Tempo de Guerra. Y catorce años desde que un 17 de abril de 1879 el por entonces presidente de Perú, el general Ignacio Prado, y su ministro de Instrucción, Culto y Beneficencia Mariano Felipe Paz Soldán rubricasen el que sería el primer salto de la Cruz Roja a Latinoamérica, al nombrar los primeros cargos de la que desde mayo sería conocida como Junta Central de Ambulancias Civiles de la Cruz Roja en el Perú.

Aun así, la posterior extensión de la Cruz Roja por el continente americano llevó una evolución muy irregular: aquel mismo año de 1879 vería también la fundación en cuestión de semanas del Servicio de Ambulancias Militares de la Cruz Roja de Bolivia, en el contexto de su guerra del Pacífico contra Chile. Y tan solo unos meses después, en junio de 1880 se creaba, por iniciativa de los médicos Guillermo Rawson y Toribio Ayerza, la Cruz Roja Argentina, que pronto daría muestras de su utilidad pública combatiendo las epidemias de cólera y fiebre amarilla que asolaron el país en los años siguientes. Sin embargo, habría que esperar a 1885 para que los señores Luis Vandyck y Astor Marchesini redactasen el reglamento de la Cruz Roja Salvadoreña, a la que el presidente de dicha república en ese momento, Rafael Zaldívar, otorgaría personalidad jurídica el 13 de marzo. Y diez años más para asistir a la fundación en Caracas de la Sociedad Venezolana de la Cruz Roja un 30 de enero de 1895, precisamente con motivo de la celebración del centenario del nacimiento del mariscal Antonio José de Sucre, posiblemente el libertador que más hizo en su momento por humanizar la guerra.

Ya en 1897, en el marco del levantamiento armado protagonizado por los militantes del Partido Nacional en contra del Gobierno de Juan Idiarte Borda, se creó en Uruguay el primer hospital de sangre de la Cruz Roja, al que pronto seguirían varios más por todo el país. Y seis años después, por iniciativa del inmigrante italiano Vittorio Cuccuini Nannelli, se fundaba en Punta Arenas el 18 de diciembre de 1903 el Cuerpo de Salvavidas y Guardias de Propiedad, origen de la actual Cruz Roja Chilena. Ya en 1907 y a iniciativa del doctor Joaquim de Oliveira Botelho, daba sus primeros pasos la Cruz Vermelha Brasileira, a la que seguiría dos años después la Asociación Mexicana de la Cruz Roja. Ese año de 1909 también cabría considerarlo como el de la fundación de la Cruz Roja Cubana, por más que, siendo fieles a la historia, sería más adecuado situar esta, o al menos su germen, en 1894, cuando la fundó el periodista Ramón Palacio, aunque fuera rápidamente clausurada por las autoridades coloniales españolas.

En 1910 le llegaría el turno a Ecuador, precisamente en el contexto de las graves tensiones diplomáticas que habían estallado entre esta república y la de Perú mientras ambas esperaban un fallo arbitral del rey de España Alfonso XIII sobre un conflicto fronterizo que ambas naciones sostenían desde hacía tiempo. En previsión de que la situación desembocase en una guerra abierta, un grupo de médicos de la ciudad de Guayaquil decidió impulsar un ente que diese apoyo sanitario a su ejército, que finalmente se convertiría en la Cruz Roja Ecuatoriana. En 1915, esta vez en el marco de una lejana Gran Guerra de la que sin embargo se recibían a diario terribles noticias, se fundaba en el teatro Colón de Bogotá y a iniciativa del médico Hipólito Machado, la Cruz Roja Colombiana. La misma causa llevó a la ecuatoriana residente en Panamá Matilde Obarrio de Mallet a promover la creación de la Cruz Roja Panameña en 1917. Una iniciativa similar llevó al doctor Andrés Barbero a fundar la Cruz Roja Paraguaya en 1919. Cuatro años después la seguiría la Cruz Roja Guatemalteca y en 1924 la Hondureña, nacida en medio de una guerra civil que enfrentaba a las fuerzas gubernamentales contra los constitucionalistas. Finalmente, cuando en 1934 el por entonces vicepresidente de Nicaragua, Rodolfo Espinoza Ramírez, promovió la fundación de la Cruz Roja Nicaragüense tras constatar la gran labor desempeñada por los voluntarios de otras asociaciones nacionales de la Cruz Roja —El Salvador, Honduras, Guatemala, Costa Rica y los Estados Unidos— durante el terremoto de

Managua de 1931, todas las repúblicas de Latinoamérica tendrían su propia asociación nacional de la Cruz Roja.

Desde esa fecha, no ha habido conflicto armado o desastre natural en el que la Cruz Roja haya dejado de comparecer en auxilio de los más necesitados.

PARA SABER MÁS

Abrisketa, Joana, Derechos Humanos y acción humanitaria, Irun, Alberdania, 2004.

Clemente, Josep Carles, El cuaderno humanitario, Madrid, Fundamentos, 2002.

Dunant, Henri, Un souvenir de Solferino, Ginebra, Fick, 1862 [versión castellana en: https://www.icrc.org/spa/assets/files/other/icrc_003_p0361.pdf].

Landa, Nicasio, Muertos y heridos, y otros textos. Edición y estudio a cargo de G. Sánchez Martínez y Jon Arrizabalaga, Pamplona, Pamiela, 2016.

—. «La Conferencia Internacional de Ginebra», en Landa, Muertos y heridos, y otros textos, Pamplona, Pamiela, 2016, pp. 89-101.

Sánchez Martínez, Guillermo, «Enemies by accident, neutral on the rebound: diversity and contingency at the birth of war humanitarianism, 1862-1864», Asclepio, 66(1), 2014: http://asclepio.revistas.csic.es/index.php/asclepio/article/view/580/672.

Sánchez Martínez, Guillermo; Arrizabalaga, Jon, «Estudio introductorio: "Yo, el Doctor Don Nicasio Landa"», en N. Landa, Muertos y heridos, y otros textos, Pamplona, Pamiela, 2016, pp. 15-56.

Vallejo Mejía, Pablo, Los grandes cambios del siglo XIX, Medellín, EAFIT, 2009.

Sanitarios militares atienden a heridos en una trinchera durante la Primera Guerra Mundial (Wellcome Collection. CC BY).

LA MALDICIÓN DEL SOLDADO

El general tifus

Lo comentaba todo el mundo, luego no podía ser mentira. Por increíble que sonase. ¡Los rusos habían llegado a Escocia! Una gigantesca flota los había trasladado desde el puerto de Arcángel, en el Mar Blanco, a Aberdeen. Y desde allí, en ferrocarril, a caballo o a pie, pero siempre sigilosamente, estaban atravesando la Gran Bretaña en dirección a los puertos del sur, desde donde se preveía enviarlos al norte de Francia. Eran miles. ¡Centenares de miles! Sir Stuart Coats, hombre sensato a carta cabal y futuro representante de los conservadores en el Parlamento, había contado no menos de 125.000 cosacos cruzando su finca de Perthshire. Y un vecino de Edimburgo que juraba haberlos visto en persona los describía vestidos con grandes capas de pieles, armados con arcos y flechas y montados a lomos de caballos pequeños y duros, parecidos a los ponis escoceses, aunque algo más huesudos. ¡Cómo iba a ser falso si incluso un profesor de Oxford sabía de un colega suyo al que habían contratado como traductor! Efectivamente, tal vez algunas historias circulantes fuesen un poco exageradas, como aquella que decía que el jefe de la estación de Edimburgo había tenido que barrer la nieve de los andenes en pleno mes de agosto de tantos rusos que habían pasado por ella. Pero en esencia, el rumor había de ser cierto.

Soldados franceses enfermos de tifus yacen en las calles durante el sitio de Mainz (1814) durante las guerras napoleónicas (Wellcome Collection. CC BY).

Era 1914, la Primera Guerra Mundial había estallado hacía apenas un par de semanas y las cosas no estaban saliendo como los aliados habían planeado. Tras violar la neutralidad de Bélgica, una poderosa fuerza alemana se había lanzado en tromba contra los ejércitos franceses y las pocas divisiones belgas y de la Fuerza Expedicionaria Británica que se interponían entre ellos y París. La gente necesitaba creer en algo, y como relató con maestría Barbara W. Tuchman en su obra Los cañones de agosto, ese «algo» fue la llegada del gigantesco contingente ruso. No en vano habían sido los rusos quienes habían parado los pies a Napoleón Bonaparte cien años atrás. En efecto, aunque la marina real británica le había impedido hacerse con el control de los mares y la guerrilla española había convertido en un infierno el dominio francés de la península ibérica, solo los rusos habían sido capaces de forzar una retirada en desbandada del ejército napoleónico de su suelo para no volver jamás. Una proeza lograda a base de tenaz resistencia y del empleo a su favor de las terribles inclemencias del invierno ruso, el «general invierno», de la inmensidad de su territorio y de la práctica de tierra quemada que imposibilitó abastecerse al invasor.

Sin embargo, en 2001, el descubrimiento en Lituania de varias fosas comunes con los restos de más de 3000 soldados napoleónicos y su posterior estudio, vinieron a añadir un nuevo factor a esta suma: el tifus. El tifus epidémico clásico o tifus exantemático es una enfermedad bacteriana transmitida por los piojos. No por su picadura en sí, sino por los gérmenes presentes en las heces que estos depositan en nuestra piel junto a las picaduras y que a resultas del rascado, se introducen en nuestro circuito sanguíneo. Tras una o dos semanas de incubación aparecen de modo brusco sus síntomas iniciales, parecidos a los de una gripe: dolor de cabeza, fiebre alta, escalofríos, fuertes dolores articulares y musculares, y postración; dos o tres días después, el paciente queda semiinconsciente y delira, y finalmente, entre el cuarto y el séptimo día aparece una erupción cutánea que se extiende desde el pecho al resto del cuerpo y a las extremidades. Quienes enferman a veces se curan en quince días, pero su convalecencia puede alargarse hasta tres meses. Siempre que sobrevivan a la infección, pues su mortalidad sin tratamiento oscila entre el 5 y el 25%, pudiendo alcanzar en algunos casos el 40%.

La epidémica afección no era nada nueva entonces. Ha sido una constante amenaza para las poblaciones humanas castigadas por la miseria y el hacinamiento con ocasión de las guerras y otras grandes catástrofes. Con toda probabilidad, sus nefastos efectos ya se habían dejado sentir en el asedio del reino nazarí de Granada, causando una enorme mortandad entre las tropas cristianas o en la guerra civil inglesa de 1643, y posteriormente también había provocado estragos en las guerras de Crimea de 1853/1856 y ruso-turca de 1877/1878. Asimismo, durante la Primera Guerra Mundial, pese a los notables avances médicos y en cuestiones de higiene, una de las causas principales que provocaron el colapso del ejército serbio en 1915, tras haber resistido valientemente durante un año a las Potencias Centrales, ha de buscarse en la incidencia del tifus entre sus tropas. En el caso concreto de los soldados napoleónicos, las condiciones de hacinamiento y la falta de higiene propiciaron, ya desde los primeros instantes de la invasión, que fuesen aún mayores tanto el número de casos como la gravedad de los mismos. Una puntilla definitiva que, sumada a las frías temperaturas invernales, la escasez de suministros y el constante acoso de las fuerzas rusas, además de las numerosas deserciones que se fueron produciendo a medida que la situación iba agravándose, terminaron por asestar una terrible derrota a Napoleón: de los más de 600.000 hombres con que el genio corso había comenzado su invasión, se calcula que tan solo regresaron de su frustrada aventura unos 50.000. Y es que como él mismo reconocería más adelante, su intento de invasión de Rusia supuso un terrible error del que ya no pudo recuperarse completamente.

No es, pues, de extrañar que, más allá del papel jugado por el invierno o por el tifus, tanto británicos como franceses o belgas ansiasen la llegada de estas tropas rusas en 1914. Un ejército que no llegaría a presentarse nunca y que a finales de ese mismo mes de agosto sufriría una aparatosa derrota en Prusia oriental, cerca de la localidad de Allenstein, que pasaría a la historia como la batalla de Tannenberg. El sueño de una vertiginosa invasión de Alemania desde el este quedaba así abortado en los primeros compases de la guerra.

El pie de trinchera

Pese a que este envío de tropas rusas jamás tuvo lugar, curiosamente jugó su pequeño papel en la historia de la Gran Guerra. La prensa aliada no publicó comentario alguno al respecto de estas habladurías, pero los corresponsales de los países neutrales se hicieron eco de ellas, logrando que llegasen a oídos de los alemanes, quienes por prudencia hubieron de destinar más fuerzas de las estrictamente necesarias a cubrir su avance. Solo cuando la ofensiva contra París fracasó en las orillas del río Marne, los aliados desmintieron oficialmente la existencia de estas tropas de auxilio rusas. Para entonces los alemanes ya no podían sacar beneficio alguno de esas divisiones, que se habían visto obligados a ir dejando atrás. Y la guerra, hasta entonces una rápida sucesión de sanguinarias ofensivas y contraofensivas, pasó a convertirse en un no menos criminal empate técnico entre dos fuerzas enfrentadas a lo largo de una línea de frente que iba desde Suiza hasta el canal de la Mancha. Ni siquiera el empleo masivo de artillería y ametralladoras, capaces de convertir, en cuestión de horas, un vergel en un paisaje lunar, se mostró eficaz para romper las líneas del enemigo. Durante cuatro largos años, ambos bloques rivales se esforzaron por encontrar una fórmula capaz de romper la situación de bloqueo, lo que solo llegaría finalmente por la suma de una serie de factores como el diseño de nuevas tácticas de combate, el empleo de nuevas armas como el tanque y el total agotamiento del rival. Hasta ese momento, atrapados en medio de una tempestad de acero, como la definió Ernst Jünger en su libro de memorias, a los soldados únicamente les quedó la opción de buscar refugio bajo tierra para poder sobrevivir. Es cierto que las trincheras eran conocidas y empleadas desde hacía siglos, pero muy pocos en aquellos primeros días del otoño de 1914 se atrevieron a aventurar el tiempo que centenares de miles de soldados habrían de vivir, luchar y morir en ellas. Así como las consecuencias de estas insoportables condiciones de vida para su salud física y mental.

Retirada de Napoleón de Moscú de Adolph Northen.

Muy al contrario, las trincheras fueron construidas como una solución temporal. Los alemanes buscaron en ellas un refugio donde poder reponer fuerzas antes del asalto definitivo que les permitiese entrar en París aquellas mismas navidades. Los aliados por su parte, sobre todo los franceses, aún esperaban necesitarlas menos tiempo: luchaban en suelo francés, y la simple idea de no poder avanzar hasta liberar completamente su nación les parecía inconcebible, puro derrotismo. Este punto de vista solo sirvió para que sus trincheras fueran aún más precarias e insalubres de lo que ya de por sí eran. Precarias, aunque efectivas: la media de muertos y heridos fue inferior en los años que duró la guerra de trincheras que en los primeros y últimos meses de conflicto, cuando la movilidad fue la tónica general, obligando a los soldados a avanzar a través de campo abierto. Y sobre todo insalubres: en pocas semanas comenzó a emerger un nuevo mundo de barro, aguas estancadas, excrementos y toneladas de restos de material militar mezclados con los cadáveres insepultos de miles de compañeros, auténticos ejércitos de ratas e infinidad de parásitos. Un paisaje abominable que ni el mejor Dante hubiera sido capaz de imaginar y que si duró tanto tiempo se debió, entre otras razones, a que todos los contendientes esperaban que la guerra no se prolongara más allá de unos pocos días. Y así, mes tras mes, año tras año. Este paisaje abominable aun empeoraba con las lluvias torrenciales y el frío, que traían consigo más barro y más aguas insalubres. Y con ellas, una maldición que desde siempre había atemorizado a los soldados de todo el mundo, pero que en una guerra bajo estas condiciones se convertiría en una plaga: el pie de trinchera.

Este mal, que ya lo habían padecido, entre otros, los soldados de Napoleón Bonaparte durante la malograda aventura en Rusia, derivaba de mantener los pies embutidos en unas botas húmedas durante horas. Los deficientes sistemas de canalización y desagüe hacían que en algunos tramos el agua llegase muy por encima de los tobillos de los soldados, quienes por otra parte estaban obligados a permanecer en pie y alerta, en previsión de que el enemigo pudiera lanzar un ataque por sorpresa. En estas condiciones, los pies se les iban entumeciendo lentamente, hasta el punto de llegar a perder su sensibilidad. Cuando por fin recibían la orden de ceder su puesto a otros compañeros y retirarse a la retaguardia, lo primero que hacían por puro instinto era tratar de calentarlos bruscamente. Con ello, lejos de aliviar su situación, no remitía en absoluto su daño y sufrimiento, sino que les aparecían ampollas y úlceras y se les agarrotaban los dedos. La solución que se mostró más efectiva para prevenir este mal fue mantener los pies siempre secos, con los calcetines limpios y en continuo movimiento. Algo muy difícil de lograr, y más aún en medio de cañoneos casi constantes. En consecuencia, fueron muchos quienes, pese a la sencillez del remedio, vieron cómo sus pies se gangrenaban tras días de doloroso agravamiento y habían de serles amputados. A ello hemos de sumar, sobre todo a medida que se perpetuaba la guerra, los casos de quienes prefirieron conscientemente padecer este mal hasta perder sus pies, que continuar en aquel mundo de locura y muerte.

La neurosis de combate

Otros no tuvieron siquiera esa suerte. A la presencia continua de la muerte, incluso cuando no había planeada ninguna ofensiva frontal contra las ametralladoras y alambradas del enemigo, se sumaba el miedo a perecer enterrado vivo en alguno de los cañoneos que se prolongaban durante horas, en ocasiones días enteros. Por ejemplo, en la batalla de Verdún durante la cual, solo entre febrero y julio de 1916, se calcula que fueron disparados veintitrés millones de obuses, ¡algo más de cien por minuto! Y aún se lanzarían más en la inmediatamente posterior batalla del Somme. No puede extrañarnos, por tanto, que la estabilidad mental de miles de desventurados saltara definitivamente en añicos.

Este trastorno no era nada nuevo. Mucho antes de la Gran Guerra se sabía que algunos soldados llegaban a un punto en que ya no podían aguantar más, si bien esta reacción solía atribuirse a la cobardía. Solo a partir de la guerra de Secesión americana empezó a prestársele cierto interés científico dándole infinidad de nombres: shock de las trincheras, neurosis de combate, síndrome del corazón del soldado, fatiga de combate... E igualmente no menos intentos de explicación a partir de la identificación de sus características, como el realizado por el médico y psicólogo inglés Charles Myers en la revista médica The Lancet en febrero de 1915. Aunque en un primer momento se trató de achacarlo a los cambios de presión atmosférica que se producían durante los bombardeos, el creciente número de casos terminó por llevar a reconocer a las autoridades militares que el origen había de ser psicológico y las causas, por tanto, habían de buscarse en el entorno que rodeaba a las tropas. Ello no se tradujo, sin embargo, en mejora alguna en las condiciones de vida de los soldados ni en el trato recibido por los afectados, que en muchas ocasiones seguían siendo directamente identificados como cobardes.

El escritor francés y veterano de la Primera Guerra Mundial Louis Ferdinand Auguste Destouches, más conocido por el seudónimo de Louis-Ferdinand Céline, describió con crudeza en su Viaje al fin de la noche el trato y los tratamientos que recibían los soldados aquejados por la locura de las trincheras. Algunos de ellos, aplicados también por los médicos militares británicos o alemanes, se parecían más a la tortura que a cualquier tipo de terapia destinada a recuperar al enfermo basada en el descanso. Y aunque se probaron otras técnicas, como la hipnosis, en todo momento se priorizó posibilitar el regreso del paciente al campo de batalla. Objetivo que generalmente se lograba en el plazo de un mes. Y eso que, a tenor del relativamente bajo número de casos tratados —según el historiador David Stevenson unos 80.000 británicos o 200.000 alemanes—, hemos de inferir que la inmensa mayoría de los afectados por la fatiga de combate no fue siquiera reconocido. No fue este el caso de una de las primeras y más potentes voces que se alzaron contra la masacre en la que se estaba convirtiendo la Gran Guerra: el poeta británico Siegfried Sassoon.

La artillería británica bombardea las filas alemanas durante el mes de agosto de 1916.

Alistado como voluntario en vísperas de que estallase el conflicto, un accidente de caballo le impidió desembarcar con la Fuerza Expedicionaria Británica durante los primeros compases de la guerra, lo que a la postre posiblemente le salvase la vida, pues pocos de aquellos hombres quedaban vivos medio año después, tras las batallas de Mons, Le Cateau, el Aisne o Ypres. Una vez llegado al frente, Sassoon se caracterizó por un valor casi suicida que lo llevó a comandar varias patrullas nocturnas y a protagonizar el asalto a una trinchera alemana, recibiendo por ello la Cruz Militar Británica. Paralelamente, su poesía, al principio imbuida de la épica propia de la propaganda de guerra de la época, fue cediendo peso a un realismo descarnado en la descripción de las condiciones reales de la vida del frente. Una suma explosiva que detonó cuando, al final de un permiso, se negó a regresar al frente, enviando a sus mandos una carta titulada «Declaración de un soldado». Esta misiva, que llegó a publicarse en algunos medios de la prensa escrita y hasta leerse en el Parlamento, contenía frases como: «Creo que la guerra en la que entré, una guerra de defensa y liberación, se ha convertido en una guerra de agresión y conquista». Toda una afrenta contra el estamento político y militar que se afanaba por proseguir con aquella carnicería, pero que venía de un héroe de guerra nada menos. De ahí que, en lugar de sentarlo frente a un tribunal de guerra, el subsecretario de Estado para la Guerra británico, Ian MacPherson, optara por ingresarlo en el Hospital militar de Craiglockhart, cerca de Edimburgo, bajo el diagnóstico de neurastenia, etiqueta clínica entonces aplicada a un trastorno psicológico consistente en un cansancio inexplicable tras esfuerzos mentales o físicos. Una triste ironía que, mientras miles de enfermos eran obligados a soportar la neurosis de combate en el frente, una persona sana fuese enviada a un hospital militar para tratarle un mal que no padecía.

Este ingreso psiquiátrico, por otra parte, fue el origen de uno de los encuentros más fecundos de la historia de las letras inglesas, pues en ese hospital conocería a otro poeta, Wilfred Owen, en quien Sassoon influiría de modo decisivo. Aunque también un encuentro trágico, pues tras unas semanas de convalecencia en dicho centro médico, ambos decidieron volver al servicio activo, encontrando Owen la muerte el 4 de noviembre de 1918, justo una semana antes del final de la Gran Guerra. La madre del autor de poemas venerados hoy día en el mundo anglosajón como su Dulce Et Decorum Est recibiría la noticia del fallecimiento de su hijo el mismo día 11 de noviembre en que se firmaba el Armisticio de Compiègne que ponía final a la Primera Guerra Mundial.

Siegfried Sassoon en 1915, fotografiado por George Charles Beresford.

Los «caras rotas»

El combate en las trincheras no solo trajo consigo una nueva forma de hacer la guerra o un nuevo tipo de armas y elementos defensivos, como el casco de acero, una pieza medieval que había sido prácticamente desterrada de los uniformes modernos. También supuso un nuevo tipo de heridas. O, al menos, que un tipo de heridas hasta entonces poco habituales se hicieran mucho más comunes. Nos referimos, por ejemplo, a las terribles mutilaciones que muchos soldados sufrieron en sus rostros. Antes del combate «bajo tierra», la mayoría de las heridas, ya por arma de fuego o por armas blancas como sables o bayonetas, se producían en el tronco y en las extremidades. Por otra parte, las heridas de gravedad en la cabeza solían acarrear una muerte segura. A partir de 1914, sin embargo, las mejoras médicas y la protección que la trinchera ofrecía a sus inquilinos hicieron que el número de supervivientes con este tipo de heridas se multiplicase. De la noche a la mañana en las calles de Europa empezó a hacerse corriente la espantosa imagen de rostros brutalmente desfigurados como los plasmados con cruda irreverencia por el pintor alemán Otto Dix en obras como Jugadores de cartas o Lisiados de guerra. Una visión que posteriormente le acarrearía infinitos problemas con el régimen nazi, que lo tacharía de artista degenerado y quemaría no pocas de sus obras, y que aún hoy día refleja la crueldad de la guerra con la misma maestría que Los desastres de la guerra de Goya.

Moldes de yeso de las caras mutiladas de los soldados de la Primera Guerra Mundial en el estudio de la escultora Anna Ladd. 1918.

Soldado francés mutilado antes de ser equipado con una máscara por la Sra. Anna Coleman Ladd, de la Cruz Roja de los Estados Unidos. 1918.

Pero más allá de esta visión irreverente, los cuadros de Dix nos muestran una realidad, bien es cierto que caricaturizada: los notables avances producidos entre 1914 y 1918 en el campo de la cirugía estética. Así, además de salvajes cicatrices y pavorosas quemaduras o parches de todo tipo, sus modelos muestran curiosas mandíbulas de acero o tuberías de metal atravesando sus tullidos cuerpos. Efectivamente, fueron muchas las respuestas que se trataron de dar a quienes habían sido víctimas de estas mutilaciones. Por ejemplo, el británico Francis Derwent Wood y la estadounidense Anna Coleman Ladd, ambos escultores, realizaron artesanalmente máscaras de cobre galvanizado de ocho milímetros de espesor, que reproducían los rostros originales de sus pacientes, ajustándose a sus caras por medio de una cinta como una careta. Un remedio mucho más sofisticado lo llevó a cabo el médico neozelandés Harold Gillies, al emplear con éxito pioneras técnicas de reconstrucción facial, como la que aplicó al teniente William Spreckley, quien había perdido su nariz en una explosión. Tomando un cartílago de una de sus costillas, lo implantó en su frente, donde lo dejó durante seis meses antes de doblarlo sobre su rostro. Gillies sabía que para que el injerto funcionase, la piel debía recibir sangre, pero en una época sin antibióticos, el riesgo de infecciones era altísimo. Para evitarlo, decidió cubrir sus injertos con tubos de piel muerta que luego retiraba. Todo esto implicaba un proceso largo y complicado que no siempre daba buenos resultados, menos todavía si se pretendía acelerar el proceso, hasta el punto de que Gillies acuñó la frase «no hagas hoy lo que puede postergarse hasta mañana». Afortunadamente, en el caso del teniente Spreckley, el resultado tras tres largos años de intervenciones no pudo ser más positivo: allí donde había tenido un siniestro agujero, Gillies logró que hubiese una nariz que, en las fotos que nos han llegado del paciente, parece casi natural.

También los médicos franceses hubieron de enfrentarse a este reto. Al final de la guerra había cerca de 15.000 heridos faciales de extrema gravedad. Así pues, ya desde el principio de la contienda, los servicios de sanidad militar franceses habilitaron un centro médico de Amiens para este tipo de heridos. En estas instalaciones se dieron también notables avances en el campo de la cirugía reconstructiva. Ahora bien, estos primeros pasos en el campo de la cirugía estética no bastaron para superar el rechazo que las cicatrices en los rostros reconstruidos provocaban en los pacientes, y más aún en la sociedad en general. Vistos con temor e incluso repugnancia por sus compatriotas, los gueules cassées o «caras rotas» eran un desagradable recordatorio de la locura de la guerra. Para colmo, al principio las autoridades francesas ni siquiera los consideraban mutilados, negándoles el derecho a recibir una pensión. Esto llevó a la creación en 1921 de la Union des blessés de face, una asociación que luchó contra el estigma de aquellas víctimas del sinsentido de la guerra moderna. Esta noble iniciativa no pudo impedir que miles de convalecientes optasen por encerrarse en sus casas, aislándose incluso de sus propias familias, o buscasen trabajos como proyeccionistas de películas, aprovechando que la oscuridad de los cines los amparaba de las miradas horrorizadas de los demás. El inolvidable personaje de Édouard Péricourt en la novela de Pierre Lemaitre Nos vemos allá arriba, galardonada con el Premio Goncourt en 2013, evoca expresivamente el drama de estos excombatientes.

Con todo, la guerra moderna todavía tenía escondida una baza aún más silenciosa y cruel.

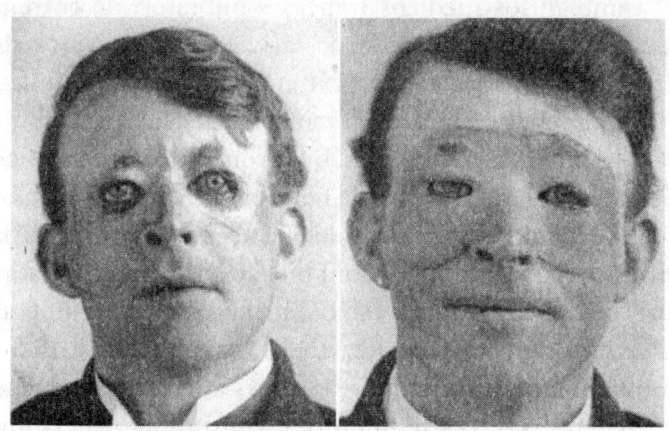

Walter Yeo, primeras personas en beneficiarse de una cirugía avanzada. Fue operado por Gillies en 1917.

¡Gas!

En la primavera de 1915 la Gran Guerra traspasó una de las pocas fronteras morales que aún quedaban por violar en su locura criminal. El día 24 de abril el Manchester Guardian se hacía eco del siguiente parte de guerra británico:

> Ayer por la noche, el enemigo lanzó un ataque contra las tropas francesas a nuestra izquierda, en las villas de

Bixschoote y Langemarck, al norte del saliente de Ypres. Este ataque fue precedido por un bombardeo pesado, al tiempo que el enemigo utilizaba un gran número de aparatos para la producción de gas asfixiante. La cantidad generada indica una larga y deliberada preparación para emplear estos dispositivos contrarios a los términos de la Convención de La Haya, que el enemigo suscribió.

Efectivamente, Alemania había suscrito la declaración adicional a la Convención de La Haya de 1899 que prohibía «el uso de proyectiles cuyo objeto es la difusión de gases asfixiantes». Sin embargo, los dirigentes alemanes arguyeron que no se habían valido de proyectiles, sino limitado a soltar el gas dejando que el viento lo trasladase. Un argumento cínico que, curiosamente, a tenor de una nota del primer ministro británico al rey Jorge el día 27 de ese mismo mes, el Consejo de Ministros parecía tomar en cierta consideración. En efecto, tras discutir sobre «el reciente recurso del enemigo a usar gases asfixiantes», este juzgaba que «como los gases están almacenados y se utilizan desde bombonas y no desde proyectiles, su empleo no es quizás una infracción de los términos de la Convención de La Haya». En consecuencia, a partir de entonces, en lugar de imponerse la cordura, todas las naciones en liza optaron por desarrollar y emplear cuantos gases tóxicos tuvieron a su alcance. Fue una carrera en la que Alemania, gracias a su potente industria química, siempre llevó la delantera, aunque a muy corta distancia de sus enemigos.

Tropas italianas con máscaras antigás durante la Primera Guerra Mundial.

De hecho, el primer experimento con este tipo de armas ya se había producido unas semanas antes de este fatídico día de abril de 1915. A finales de enero los alemanes habían empleado el bromuro de xililo líquido, un tipo de gas lacrimógeno, para atacar a las tropas rusas que defendían el sector del río Rawka, cerca de Varsovia. En esta ocasión, no habían mediado escrúpulos de ningún tipo: para alcanzar su objetivo habían empleado obuses cargados con este agente. Sin embargo, las bajas temperaturas congelaron el gas antes de que pudiese hacer ningún efecto. Y los mismos franceses fueron acusados de emplear granadas con gases lacrimógenos aun antes, en los primeros compases de la guerra, también con escasos resultados. Ahora bien, el ataque de Ypres marcó un antes y un después ya que, a diferencia de las anteriores ocasiones, cosechó un significativo éxito táctico que podía haber sido aún más notable. Aunque hoy día los datos siguen siendo muy discutidos, pues muy posiblemente ambas partes exageraron el número de bajas por motivos propagandísticos, lo cierto es que el ataque no solo provocó la muerte por asfixia de varios centenares de soldados franceses, en su mayoría tropas coloniales norteafricanas, sino que la nube tóxica causó la ceguera de otros tantos. A ellos debemos sumar aquellos que, tras huir de sus posiciones presos del pánico al ver la nube de gas penetrando en sus trincheras, sufrieron el fuego de la artillería alemana. Un total aproximado de seis mil bajas, que provocó en cuestión de minutos un vacío en sus defensas de casi cuatro kilómetros. Los mandos alemanes no pudieron aprovechar esta brecha pues sus tropas avanzaron con suma cautela por miedo a sufrir también las consecuencias del gas empleado.

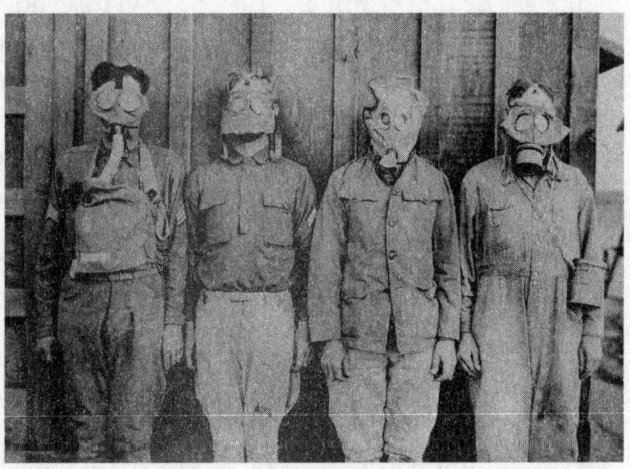

Soldados con máscaras antigás durante la Primera Guerra Mundial.

Además, pasados los primeros instantes de pánico generalizado, un oficial médico canadiense fue capaz de identificar el gas empleado —cloro— y encontró una rápida solución frente al mismo: humedecer los pañuelos en orina y taparse con ellos la boca y la nariz para neutralizar sus efectos. De esta manera, casi inmediatamente después de haber mostrado todo su poder destructor, el cloro perdió gran parte de su efectividad como arma: el color verdoso de sus nubes lo hacía fácilmente detectable. Aunque hoy día sabemos que es mucho más efectivo emplear agua que orina para disolver este gas —de hecho el amonio de la orina puede provocar a su vez otro tipo de gases nocivos al entrar en contacto con el cloro—, con esta solución se encontró un remedio rápido y barato contra sus devastadores efectos.

Urgía, pues, encontrar un nuevo gas aún más silente y mortífero que el cloro, algo que no tardarían en lograr. El siguiente gas de esta criminal escalada fue el fosgeno, un componente químico industrial que había sintetizado a principios del siglo XIX el químico aficionado inglés John Davy al exponer a la luz solar una mezcla de monóxido de carbono y cloro. Este gas, empleado para fabricar plásticos y pesticidas, tiene la ventaja de licuarse al ser enfriado, lo que facilita enormemente su transporte, y una vez liberado, ya en forma gaseosa, no tiene un color ni un olor fácilmente apreciable. Además, sus efectos no son inmediatos, sino que solo pasadas unas veinticuatro horas se notan sus consecuencias en el tejido pulmonar de las víctimas: al contacto con el agua en el interior del alvéolo pulmonar, el fosgeno se convierte en ácido clorhídrico, terriblemente lesivo para el endotelio, que provoca edemas y una expectoración serosa abundante que puede abocar a la muerte por asfixia de los afectados. A este agente también se le encontró un remedio, la hexametilentetramina, que, añadida a los filtros de las máscaras de gas, ofrecía una relativa protección a los soldados.

La criminal carrera por encontrar un gas definitivo prosiguió, dando como resultado el «gas mostaza», que, por cierto, es mucho más que un gas, pues actúa tanto en su forma gaseosa como en la sólida o líquida. Se trata de un agente vesicante, es decir, que provoca irritación y ampollas al destruir las células de los tejidos con que entra en contacto, sobre todo las mucosas. En los ojos puede provocar ceguera, tos si afecta a los pulmones, y fuertes vómitos y diarreas si lo hace al estómago. Aunque no era tan letal como el cloro y, al permanecer en estado líquido en el suelo, tenía el riesgo de afectar también a las tropas atacantes, provocaba un devastador efecto psicológico entre los soldados del frente. Este efecto siguió siendo explotado tras la Gran Guerra, de manera que tanto el Ejército español durante la guerra del Rif como el italiano en Etiopía y el iraquí durante la guerra del Golfo emplearon con profusión este gas, también conocido como «iperita» por haberse empleado por vez primera en Ypres.

Desde el final de la Primera Guerra Mundial hasta nuestros días, infinidad de nuevos agentes químicos han seguido protagonizando algunas de las páginas más oscuras y vergonzosas de la locura genocida de nuestra especie. Como el tabún, que fue desarrollado inicialmente como pesticida pero que, por sus efectos sobre los seres humanos —ya por contacto con la piel o por inhalación, puede provocar convulsiones, contracciones musculares e incluso la paralización del sistema respiratorio hasta causar la muerte— y por su producción fácil y barata, es un agente habitual en los arsenales de algunas naciones poco desarrolladas, pese a su relativamente escasa efectividad. El metilfluorofosfonato de isopropilo, más conocido como «sarín», acrónimo de los apellidos de sus descubridores Schrader, Ambros, Rüdiger y Van der Lin, cuyo uso por la secta japonesa Aum Shinrikyo en su ataque en el metro de Tokio del 20 de marzo de 1995 que costó la vida a trece personas y afectó a más de un millar, generó no poca alarma en Occidente. El agente naranja, empleado por las Fuerzas Armadas de los Estados Unidos como herbicida durante la guerra de Vietnam y al que se atribuyen más de un millón de muertes directas e infinidad de casos posteriores de malformaciones. Los agentes nerviosos VX y Novichok, productos de la carrera armamentística que estadounidenses y soviéticos libraron durante la Guerra Fría, y que son capaces de provocar en sus víctimas dolor de cabeza, ansiedad, debilidad generalizada, espasmos musculares, náuseas, diarrea, calambres abdominales e incluso la muerte por fallo respiratorio en función del grado de exposición. Y, por supuesto, el tristemente famoso Zyklon B, el pesticida a base de cianuro que terminó por convertirse en el principal agente empleado por los nazis en su programa genocida conocido como la «solución final».

Si este capítulo terminase aquí, quedarían fuera las víctimas de otra de las páginas más tristes de nuestra historia universal: aquellas fallecidas en lejanos frentes de batalla a causa del hambre, a resultas de siniestras enfermedades tropicales o de interminables jornadas de trabajo esclavo, al servicio de causas que jamás compartieron, en guerras en las que nunca desearon participar.

La lealtad «askari»

En los últimos días de 1913 un barco procedente de Nápoles hacía su entrada en el fondeadero de Mombasa, hoy día la segunda ciudad en importancia de Kenia y el puerto más relevante del África oriental, y por entonces la puerta de entrada al protectorado británico de África del Este. En su interior viajaban dos pasajeros a quienes seguramente no se les había pasado siquiera una vez por la cabeza que pronto entrarían en la historia por motivos bien diferentes. Ella, la danesa Karen Blixen, había llegado con el objetivo de casarse con su primo segundo, el barón Bror Blixen-Finecke. El matrimonio resultaría un desastre, pero permitió a Karen vivir en un mundo completamente diferente al que hasta entonces había conocido y que años después plasmaría de forma magistral en su conocida novela Memorias de África. Él en cambio, el general alemán Paul von Lettow-Vorbeck, viajaba con el encargo de ponerse al frente de las tropas que el Imperio alemán tenía destacadas en su colonia del África oriental alemana, la actual Tanzania. Un destino más exótico que prestigioso, pero que a la postre le permitiría pasar a la historia militar germana —una historia no precisamente parca— como comandante del único ejército alemán que no pudo ser derrotado en toda la Primera Guerra Mundial.

El África que los recibió era en aquellos años algo parecido a un enorme laboratorio donde las potencias europeas competían por exportar su modelo «civilizador» a unos habitantes a quienes se imponía, por las buenas o por las malas, un programa modernizador basado en la explotación capitalista y en la evangelización cristiana. En efecto, como pronto demostraron las fotografías de los misioneros británicos Alice Seeley Harris y su marido John Hobbis Harris, o la gran obra El corazón de las tinieblas del escritor polaco—británico Joseph Conrad, más allá de las teóricas buenas intenciones se escondía de forma muy poco disimulada una codiciosa ansia por explotar todas las innumerables riquezas de esas tierras y a todos sus habitantes, sin reparar en escrúpulos morales. En París, Londres, Liverpool o Hamburgo se creaban institutos de medicina tropical al servicio de los ambiciosos planes de expansión imperial de las potencias europeas, que se esforzaban por resolver los problemas sanitarios de los colonos y minimizar el impacto de las enfermedades infecciosas tropicales en sus poblaciones metropolitanas. Mientras, la lucha contra las epidemias en las comunidades indígenas de África estaba en las antípodas del trato dispensado a los europeos. Valga como ejemplo que en 1914, cuando el actual Senegal se vio afectado por un brote de peste bubónica, las autoridades coloniales francesas no dudaron en atajar la epidemia quemando las casas de los enfermos, poniendo bajo cuarentena, vigilados por una guardia armada, a los familiares de estos y enterrando en cal a los fallecidos. Una serie de medidas draconianas impensables en cualquier lugar de Europa, que provocaron una reacción igualmente impensable en aquellos días y latitudes: la primera huelga de la historia senegalesa.

Karen Blixen y su hermano, Thomas Dinesen, en la granja africana de la baronesa. 1920.

Con todo, aun hubo una página más vergonzosa en este proceso civilizador y de lucha por la salud pública y contra los agentes patógenos: el intento de crear una raza superior inmune en la medida de lo posible a las enfermedades por medio de la eugenesia, a saber, aplicando las leyes biológicas de la herencia al perfeccionamiento de la especie humana. Una lectura perversa de las teorías de Charles Darwin mezclada con el racismo propio de la época, que compartieron con mayor o menor entusiasmo todas las potencias coloniales, si bien destacó la especial devoción puesta en el empeño por el Imperio alemán décadas antes, por cierto, de que Adolf Hitler y sus secuaces asolaran medio mundo. Fue precisamente el progenitor de uno de sus secuaces, Heinrich Ernst Göring —padre de Hermann—, quien llevó a extremos de auténtica vesania esta política con la excusa de reprimir las revueltas antialemanas en la actual Namibia, por entonces la colonia alemana del África del Sudoeste. Bajo el lema de «limpiar, colgar y disparar hasta que no quede nadie», internó en auténticos campos de exterminio a centenares de mujeres y niños de las etnias herero o nama. Se les dejaba morir de hambre y de enfermedades, para posteriormente someterlos a autopsias en nombre de una ciencia biológico—racial que consideraba salvajes a los africanos, si bien se ordenaba a las mismas prisioneras de estos campos que limpiasen con esmero los cráneos de los suyos antes de remitirlos a Alemania. Y es que, como ya había advertido Conrad, en África fueron los europeos quienes se convirtieron en salvajes en lugar de civilizar a los africanos.

No digamos ya cuando llegó la noticia del estallido de la Primera Guerra Mundial en Europa. Pese a que algunas voces pidieron que la guerra no se trasladase a las colonias para no mostrar la imagen de blancos luchando contra blancos ante los habitantes negros, evitando así que perdiesen el respeto que pudieran sentir por sus «civilizadores» y empuñasen las armas contra ellos, este egoísta aviso cayó en saco roto. Miles de soldados coloniales, popularmente conocidos como «askaris» fueron lanzados contra las bayonetas de las tropas coloniales de otras potencias enemigas o trasladados al frente occidental, en lugar de seguir empleándolos tan solo en reprimir a las poblaciones nativas. Fueron combates que en la mayoría de los casos duraron poco tiempo y terminaron con la derrota de los alemanes en prácticamente todas sus colonias: Camerún, Togo, Namibia... No así en el África Oriental, donde Von Lettow-Vorbeck llevó a cabo junto con sus míticos «askaris» primero una guerra defensiva que le permitió proteger su territorio del ataque conjunto de las tropas del Imperio británico y Bélgica; y posteriormente otra de guerrillas, con la que fue capaz de distraer a millares de soldados que podrían haber resultado de enorme utilidad en otros frentes. La «lealtad askari» (Askari Treue) pasó a convertirse en legendaria para millones de alemanes sedientos de buenas noticias, aunque hoy día pocos recuerden siquiera que hace cien años Alemania contó con no pocas colonias en África.

Ciertamente, Von Lettow-Vorbeck jamás fue derrotado en el campo de batalla, cumpliendo con creces su objetivo de mantener en jaque a un buen número de sudafricanos, indios, británicos, belgas y también portugueses —Portugal se unió oficialmente a la guerra en 1916, aunque ya en 1914 se habían producido choques entre fuerzas alemanas y portuguesas en Angola—. Pero no es menos cierto que en su odisea a lo largo del corazón del sur de África trajo la muerte de forma directa e indirecta a miles de infortunados. Valga un dato sobre la incidencia de las enfermedades tropicales en las tropas: de los 1527 hombres que envió el Gobierno portugués a Mozambique en 1914, cerca de 300 habían muerto a los pocos meses a causa únicamente de estas enfermedades, pese a no haber tenido ocasión de entrar en combate en ningún momento. Y si los soldados europeos habían de sufrir este índice de mortandad, qué decir del que padecieron los más de dos millones, ¡2.000.000!, de africanos empleados como porteadores, quienes hubieron de hacer frente a interminables jornadas de trabajo semiesclavo a cambio de raciones paupérrimas. De entre ellos se calcula que pudieron morir más de una quinta parte, en la mayoría de los casos víctimas de disentería. A estas cifras aún hemos de sumar las de aquellos civiles que vieron cómo sus aldeas eran atravesadas por las tropas, dejando a su paso un rastro de destrucción y violencia, hambre y enfermedades, cuyas consecuencias nunca se han cuantificado con precisión. En ausencia de datos, quedémonos con el testimonio del médico militar alemán Ludwig Deppe denunciando estas circunstancias: «Ya no somos los agentes de la cultura; nuestro rastro está marcado por la muerte, por aldeas saqueadas y evacuadas, exactamente igual que el avance de nuestro ejército y el enemigo en la guerra de los Treinta Años».

Paradójicamente, esta guerra salvaje y despiadada dentro de otra igualmente bárbara, por mucho que sus protagonistas se llenasen la boca con palabras como civilización o cultura, trajo un germen de esperanza. Tanto en los manglares de Mozambique como en el barro de Flandes, millones de africanos descubrieron el verdadero rostro de esa civilización que habían querido imponerles y de la que lograrían librarse medio siglo después. Una lección demasiado costosa, en todo caso.

Batalla de Tanga, del 3 al 5 de noviembre de 1914. La mayor victoria de Paul von Le.ttow-Vorbeck en África.

PARA SABER MÁS

Celine, Louis-Ferdinand, Viaje al fin de la noche, Barcelona, Edhasa, 2011.

Conrad, Joseph, El corazón de las tinieblas, Barcelona, Juventud, 2013.

Delaporte, Sophie, Gueules cassées: Les blessés de la face de la Grande Guerre 14-18, París, Noesis, 2001.

Dinesen, Isak, Memorias de África, Madrid, Alfaguara, 2002.

Ferguson, Niall, Civilización: Occidente y el resto, Barcelona, Debate, 2012.

Lemaitre, Pierre, Nos vemos allá arriba, Barcelona, Salamandra, 2014.

Pita, René, Armas químicas. La ciencia en manos del mal, Madrid, Plaza y Valdés, 2008.

Sassoon, Siegfried, *Memorias de un oficial de infantería*, Madrid, Turner, 2002.

Tuchman, Barbara, *Los cañones de agosto. Treinta y un días de 1914 que cambiaron la faz del mundo*, Barcelona, Península, 2004.

DE LAS ENFERMEDADES SAGRADAS

Hipócrates

Nacido en el seno de una familia de sacerdotes dedicados a la medicina en la isla griega de Cos —situada en el archipiélago del Dodecaneso, a tan solo cuatro kilómetros de las costas turcas—, Hipócrates vivió a caballo entre los siglos V y IV anteriores a nuestra era. Aproximadamente entre el 460 y el 370, el periodo conocido como el Siglo de Pericles, la época de Sócrates, Demócrito, Heródoto, Platón, Sófocles y Eurípides, entre otros. Pero si impresionante es la relación de sus insignes contemporáneos, más aún lo es el legendario origen que durante siglos la tradición médica occidental atribuyó a su estirpe, haciéndolo descendiente de Asclepio, el dios de la medicina.

Hijo de Apolo y la mortal Coronis, Asclepio había sido educado por el centauro Quirón —quien, según la mitología, también habría sido tutor nada menos que de Néstor, Peleo, Teseo, Cástor, Pólux, Eneas y Aquiles, entre otros célebres héroes mitológicos—, y tanto su mujer como sus hijos e hijas acabarían también indeleblemente unidos a varias facetas de la medicina clásica. Así su esposa, la ninfa Epione, era tradicionalmente invocada como «la que alivia los males», mientras a su hija Higia se la veneraba como diosa de la salud y la higiene, y a Panacea, como diosa de la curación a través de remedios elaborados a base de plantas. Igualmente, su hijo Telesforo era el dios encargado de velar por la convalecencia de los enfermos, mientras sus otros dos hermanos, Podalirio y Macaón, serían invocados durante siglos por sucesivas generaciones de médicos y cirujanos por su capacidad de curar hasta las heridas más graves. Esta circunstancia había resultado de gran utilidad para los componentes de la mítica expedición griega a Troya, en la que ambos habrían participado, según refiere Homero en el canto segundo de su Ilíada: «De los de Trica, Itoma de quebrado suelo, y Ecalia, ciudad de Eurito el ecaleo, eran capitanes dos hijos de Asclepio y excelentes médicos: Podalirio y Macaón. Treinta cóncavas naves en orden les seguían». Leyendas mitológicas aparte, parece seguro que en una época en la que los límites entre medicina, filosofía, magia y religión no eran nítidos, pocos honores mayores podían recibir una saga de sacerdotes sanadores, que ser identificados con orígenes tan fabulosos.

Hipócrates.

Con todo, si algo debemos a Hipócrates de Cos, es haber comenzado a delimitar con más claridad esas tenues fronteras. Una hazaña, en realidad, compartida con otros sanadores griegos autores de más de una cincuentena de escritos médicos agrupados bajo la denominación de «colección hipocrática» (corpus Hippocraticum), y que corresponden a periodos, escuelas, doctrinas y temáticas diversos. Lo poco que sabemos de la biografía de quien ha sido considerado legendario fundador y el «padre de la medicina» procede de lo anotado más de tres siglos después de su muerte por su hagiógrafo Sorano de Éfeso. De su relato cabe dar por buenos algunos datos. Como que debió de estudiar en el Asclepeion de Cos, uno de los templos levantados en honor a Asclepio más importantes de la Antigua Grecia y al que acudían peregrinos de toda la Hélade en busca de remedios medicinales y otros tratamientos para sus dolencias. O que debió de viajar al menos por Tracia y Tesalia, en cuya capital, Larisa, falleció aparentemente nonagenario.

Cinco cabezas grotescas, ilustración de los cuatro
humores y temperamentos en torno a un perfil clásico
(dibujo de Leonardo da Vinci, hacia 1490).

Retrospectivamente, los escritos de la colección hipocrática representan en Occidente —de modo similar a otros análogos de las medicinas clásicas china e india en Oriente— el inicio de una tradición médica racional de dilatada vigencia histórica (plena en las universidades europeas hasta finales del siglo XVI y socorrida fuente de autoridad para muchos médicos hasta bien entrado el siglo XIX), que se fundaba en una concepción naturalista de la enfermedad y de la salud. Conforme a ella, el cuerpo humano está integrado por cuatro humores cardinales (sangre, bilis amarilla, flema y bilis negra) y sus cualidades. Su equilibrio aseguraba la salud mientras su desequilibrio llevaba a la enfermedad. En la medida que para el médico hipocrático la capacidad de enfermar y curarse radicaba en la propia naturaleza, el papel de aquel consistía en establecer lo que le pasaba al enfermo a través de los juicios diagnóstico y pronóstico, y en ayudar a su naturaleza a restablecer el equilibrio humoral necesario para la recuperación de la salud. Se alcanzara o no este objetivo, la conducta del médico hipocrático ante el enfermo debía guiarse por la obligación moral de abstenerse de actuar ante las enfermedades que juzgara incurables, y por el prudente precepto invariable de «ayudar, o por lo menos no perjudicar». En todo caso, conviene observar que no hay una única ética hipocrática. De ahí que el célebre «Juramento» hipocrático, que recogemos a continuación, deba entenderse como una medida tentativa de autorregulación de una escuela concreta de sanadores hipocráticos próximos al movimiento pitagórico:

Juro por Apolo médico, por Asclepio, Higía y Panacea, por todos los dioses y todas las diosas, tomándolos como testigos, cumplir fielmente, según mi leal saber y entender, este juramento y compromiso:

Venerar como a mi padre a quien me enseñó este arte, compartir con él mis bienes y asistirle en sus necesidades; considerar a sus hijos como hermanos míos, enseñarles este arte gratuitamente si quieren aprenderlo; comunicar los preceptos vulgares y las enseñanzas secretas y todo lo demás de la doctrina a mis hijos y a los hijos de mis maestros, y a todos los alumnos comprometidos y que han prestado juramento, según costumbre, pero a nadie más.

En cuanto pueda y sepa, usaré las reglas dietéticas en provecho de los enfermos y apartaré de ellos todo daño e injusticia.

Jamás daré a nadie medicamento mortal, por mucho que me soliciten, ni tomaré iniciativa alguna de este tipo; tampoco administraré abortivo a mujer alguna. Por el contrario, viviré y practicaré mi arte de forma santa y pura.

No tallaré cálculos sino que dejaré esto a los cirujanos especialistas.

En cualquier casa que entre, lo haré para bien de los enfermos, apartándome de toda injusticia voluntaria y de toda corrupción, principalmente de toda relación vergonzosa con mujeres y muchachos, ya sean libres o esclavos.

Todo lo que vea y oiga en el ejercicio de mi profesión, y todo lo que supiere acerca de la vida de alguien, si es cosa que no debe ser divulgada, lo callaré y lo guardaré con secreto inviolable.

Si el juramento cumpliere íntegro, viva yo feliz y recoja los frutos de mi arte y sea honrado por todos los hombres y por la más remota posteridad. Pero si soy transgresor y perjuro, avéngame lo contrario.

Ahora bien, el «Juramento» no fue, ni mucho menos, la única aportación de la medicina hipocrática. El caso de la «epilepsia» constituye otro expresivo ejemplo.

Epilepsia

La epilepsia, vocablo latino derivado del verbo griego epilambanein, que significa ser atacado o cogido por sorpresa, es una enfermedad neurológica provocada por una alteración en la actividad eléctrica de las neuronas de la corteza cerebral. Esta alteración se manifiesta físicamente en episodios convulsivos de duración variable sin una aparente causa inmediata a la que atribuirlos. Y aunque en ocasiones se desencadenen ataques epilépticos como consecuencia de traumatismos craneoencefálicos, ictus o infecciones y tumores cerebrales, la mayoría de las veces se desconoce su causa, que solo en una proporción muy baja es genética. Hoy día se estima que padece epilepsia el uno por ciento de la población mundial —y curiosamente, también se sabe de algunos casos entre animales, sobre todo domésticos, como perros y gatos—. De este porcentaje, entre tres y cinco de cada cien enfermos pertenecen a la variante fotosensible, en la que los ataques se desencadenan por sobreexposición a estímulos visuales vibrantes e intermitentes de fuentes diversas, por ejemplo, videojuegos o discotecas.

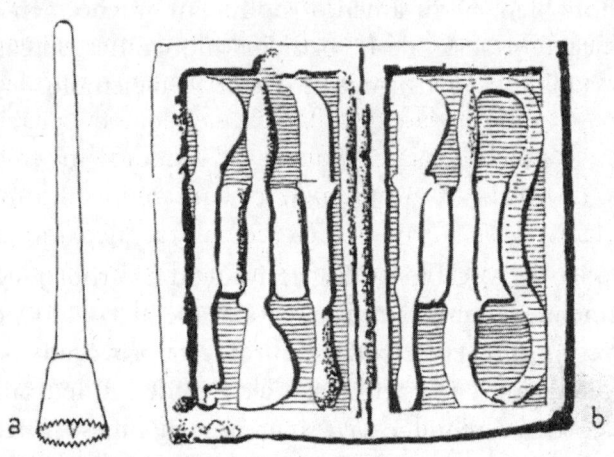
Instrumentos utilizados por los antiguos cirujanos griegos.

Diagnosticar retrospectivamente una enfermedad es siempre un territorio resbaladizo, si bien en el caso de los ataques epilépticos el ejercicio resulta tentador por la expresividad de su cuadro clínico, con independencia de la multiplicidad de causas que pueden desencadenarlos. El testimonio más antiguo de un ataque epiléptico podría remontarse al Imperio mesopotámico de los acadios hacia el año 2000 antes de nuestra era. El exorcista encargado de tratarlo lo atribuía a la mano de Sin, el dios de la luna. Una creencia que de una manera u otra compartieron los antiguos griegos, quienes se referían a ella como la «enfermedad sagrada». Ellos la asociaban a las diosas lunares Selene y Artemis, motivo por el cual se hacía necesario un tratamiento sobrenatural para combatirla. Totalmente en contra de esta visión, un médico hipocrático —algunos historiadores defienden que el texto es del propio Hipócrates— le plantó cara hace ya veinticuatro siglos a través de una pequeña monografía escrita para un público profano y titulada Sobre la enfermedad que llaman sagrada. En ella, se atribuye la afección a un acúmulo del humor flema en las venas de la cabeza, provocando los consabidos síntomas del ataque; y se afirma que puede curarse mediante un régimen de vida y oportunos remedios medicinales, siempre y cuando no se haya visto «fortalecida por su larga duración hasta el punto de ser más fuerte que los remedios que se le apliquen». Sin embargo, lo que hace de esta magistral obra una pieza capital en la historia de la medicina es, además del esfuerzo por naturalizar esta enfermedad considerada «sagrada» interpretando sus causas y síntomas en los mismos términos humorales que cualquier otra, la contundencia con que su autor decidió arremeter contra quienes la trataban con ensalmos y conjuros. Valga como muestra el siguiente extracto de la traducción castellana del texto original:

> Acerca de la enfermedad que llaman sagrada sucede lo siguiente. En nada me parece que sea algo más divino ni más sagrado que las otras, sino que tiene su naturaleza propia, como las demás enfermedades, y de ahí se origina. Pero su fundamento y causa natural lo consideraron los hombres como una cosa divina por su inexperiencia y su asombro, ya que en nada se asemeja a las demás. Pero si por su incapacidad de comprenderla le conservan ese carácter divino, por la banalidad del método de curación con el que la tratan vienen a negarlo. Porque la tratan por medio de purificaciones y conjuros (...). Me parece que

los primeros en sacralizar esta dolencia fueron gente como son ahora los magos, purificadores, charlatanes y embaucadores, que se dan aires de ser muy piadosos y de saber más. Estos, en efecto, tomaron lo divino como abrigo y escudo de su incapacidad al no tener remedio de que servirse, y para que no quedaran en evidencia que no sabían nada estimaron sagrada esta afección. Y añadieron explicaciones a su conveniencia, y asentaron el tratamiento curativo en el terreno seguro para ellos mismos, aduciendo purificaciones y conjuros, prescribiendo apartarse de los baños y de un buen número de comestibles que serían comida para los enfermos. (…) Con sus palabrerías y maquinaciones fingen saber algo superior y embaucan a la gente recomendándoles purificaciones y expiaciones, y el bulto de su charla es invocación de lo divino y demoníaco. Aunque a mí me parece que no construyen sus discursos en torno a la piedad, como creen ellos, sino, más bien, en torno a la impiedad y a la creencia de que no existen los dioses, y que su sentido de lo piadoso y lo divino es impío y blasfemo (…).

Por desgracia, la lucha contra la superchería y los estigmas sociales asociados a determinadas enfermedades no se acaba nunca. Aún sería más larga y enconada en el caso de la lepra.

El reflejo del alma

Ciertamente pocos males aparecen de modo tan reiterado en obras del Antiguo Testamento como la lepra, siendo la estigmatización de las personas afectas una constante en todas ellas. Con todo, conviene no olvidar que el término lepra en los distintos idiomas remite actualmente a una infección causada por un microorganismo conocido como Mycobacterium leprae o bacilo de Hansen, en honor a su descubridor, el médico noruego Gerhard Armauer Hansen, en 1873; mientras que con anterioridad a la era bacteriológica, esta etiqueta clínica podía aplicarse indiscriminadamente a multitud de enfermedades de la piel o acompañadas de lesiones cutáneas, que se consideraban incurables.

En el Levítico, los sacerdotes eran los encargados de diagnosticar la lepra (zara'ath o tsara'ath, en hebreo), y a las personas afectas se las apartaba de la comunidad por juzgarlas impuras e impurificables. Se las veía al mismo tiempo como elegidas y rechazadas por Dios, por lo que se las obligaba a vivir aparte como muertos vivientes, aunque no se las exiliaba como criminales. Se consideraba que los leprosos poseían una identidad espiritual: estaban probablemente contaminados en términos morales, sin ser aparentemente responsables de su enfermedad.

Se les niega la entrada a la ciudad a dos leprosos. S. XIV.

En el Levítico (13 y 14) se describe el procedimiento que los sacerdotes habían establecido para identificar la lepra así como las implicaciones legales de esta circunstancia. Basten los ocho primeros versículos del capítulo 13 para apreciar la meticulosidad en su modo de proceder:

Yahvé habló a Moisés y a Aarón, diciendo: «Cuando tenga uno en su carne alguna mancha escamosa, o un conjunto de ellas, o una mancha blanca, brillante, y se presente así en la piel de su carne la plaga de la lepra, será llevado a Aarón, sacerdote, o a uno de sus hijos, sacerdotes. El sacerdote examinará la plaga de la piel de la carne; y si viere que los pelos se han vuelto blancos y que la parte afectada está más hundida que el resto de la piel, es plaga de lepra; y el sacerdote que le haya examinado le declarará impuro. Si tiene sobre la piel de su carne una mancha blanca que no aparece más hundida que el resto de la piel, y el pelo no se ha vuelto blanco, el sacerdote le recluirá durante siete días. El día séptimo le examinará; y si el mal no parece haber cundido ni haberse extendido sobre la piel, le recluirá por segunda vez otros siete días, y al séptimo día le examinará nuevamente; si la parte enferma se ha puesto menos brillante y la mancha no se ha extendido sobre la piel, el sacerdote le declarará puro; es una erupción. Lavará sus vestiduras y será puro. Pero si, después de haber sido examinado por el sacerdote y declarado puro, la mancha se extendiere, será llevado a él nuevamente para que le vea; y si la mancha brillante ha crecido en la piel, le declarará inmundo: es lepra».

Dada la centralidad cultural de la tradición judeocristiana en Europa occidental, las respuestas religiosas, médicas y sociales hacia las personas afectadas por la lepra han estado marcadas por el estigma hasta muy recientemente. De ahí que durante la Edad Media los leprosos continuaran siendo identificados por sacerdotes u otras autoridades espirituales, y luego apartados de su comunidad, a menudo mediante un ritual. Así, en la Europa del siglo VII sabemos que se levantaron casas de leprosos en Metz o Verdún. Y en el siglo siguiente tanto el rey franco Pipino como su hijo el emperador Carlomagno promulgaron leyes y ordenanzas que condenaban a los leprosos a vivir como «muertos en vida». No solo metafóricamente hablando, al permitirse la nulidad matrimonial inmediata y que la pareja del enfermo pudiese volver a casarse; también en el sentido más literal de la expresión, como recogió en 1928 en su discurso de ingreso en la Real Academia Nacional de Medicina don José Sánchez-Covisa. Este médico español, que tres años después llegaría a ser diputado en las Cortes Constituyentes de la Segunda República, trazó en él una breve historia de la lepra deteniéndose en la descripción que el abate ilustrado Jean-Laurent Lefebvre había hecho del calvario soportado en la Edad Media por quienes eran oficialmente «declarados» leprosos:

> Cuando un individuo era declarado leproso, el oficial diocesano pronunciaba el decreto, y la sentencia era publicada en la iglesia parroquial. El domingo siguiente, el cura, revestido y precedido de la cruz, iba a la puerta de la iglesia donde debía encontrarse el leproso, vestido con un hábito negro; le echaba agua

bendita, y después de asignarle un sitio separado en la iglesia, celebraba la misa del Espíritu Santo. Después de la misa, el leproso era conducido provisionalmente a la cabaña construida para él en la leprosería vecina; sobre el techo de esta cabaña se arrojaba un poco de tierra del cementerio, pronunciando estas solemnes e impresionantes palabras: Sis mortus mundo, vivas iterum Deo. El presbítero recitaba la letanía y le hacía las prohibiciones siguientes:

- No entrarás en iglesia, molinos, hornos o mercados ni donde existan reuniones del pueblo.
- No lavarás tus manos ni cosa ninguna que sea de tu uso en fuentes, ríos ni manantiales que sirvan al público.
- No irás descalzo fuera de la casa ni sin hábito leproso (vestido negro y velo sobre la boca) y sin carraca a fin de ser reconocido por todos.
- No tocarás ninguna cosa que quieras comprar más que con una vara o con un bastón.
- No responderás en los caminos a quienes te interroguen, si no están al abrigo del viento, por miedo a infectarlos.
- No pasarás por caminos estrechos, para evitar contagios peligrosos.
- No tocarás los niños pequeños, ni les harás ninguna cosa, ni a cualquiera otra persona.

Con todo, los leprosos aún hubieron de afrontar mayores infortunios en la Edad Media. En efecto, en Francia en 1321 se acusó a los leprosos de haberse conjurado para propagar su enfermedad contaminando el agua de los pozos de los cristianos con polvos y venenos, ejecutándose a no pocos de ellos. Y a muchos más aún entre 1348 y 1350, cuando se les señaló, junto a los judíos, como los causantes de la epidemia de peste. Este empeño obsesivo por convertirlos en chivos expiatorios de modo recurrente en tiempos de crisis se extendía incluso hasta sus descendientes, a quienes, aun estando completamente libres de la enfermedad, se les obligaba a llevar una tela roja o negra sobre la esclavina o un chambergo con banda blanca para poder ser identificados por el resto de la comunidad, así como a casarse con quienes fuesen de su misma condición o a desempeñar únicamente aquellos oficios que eran considerados como infamantes.

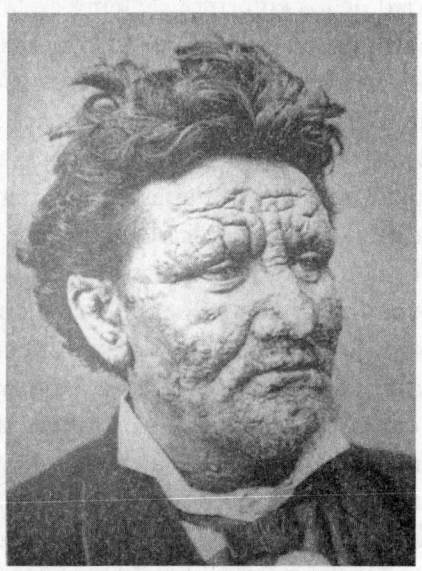

Un enfermo de lepra de 24 años de edad. 1886.

Hasta ayer mismo

El trato denigrante e inhumano que han recibido históricamente los leprosos no es tan solo un triste recuerdo de tiempos remotos, pese a que hoy día la lepra sea una enfermedad curable, con una prevalencia mundial muy baja y, contra la opinión popular, no muy contagiosa.

Valgan como muestra tres ejemplos, nada alejados en el tiempo, de personas afectadas por esta enfermedad en España y Latinoamérica. Pedro Delgadillo, nicaragüense, contó su caso al periódico El Nuevo Diario en julio de 2009. Contaba por entonces 87 años, setenta de los cuales los había pasado marcado por la dura experiencia de haber sido diagnosticado como leproso. Aunque sería más correcto decir «acusado», pues su primer contacto con la realidad de los enfermos de lepra en la Nicaragua de 1939 fue una orden policial que lo obligaba a abandonar su casa de manera inmediata. Su destino: el Hospital Nacional de Dermatología Dr. Francisco José Gómez Urcuyo, entonces conocido el leprocomio, un edificio de altas tapias, hoy día pintadas en un deslumbrante tono azul celeste, que está ubicado en uno de los barrios más antiguos de Managua, el de Monseñor Lezcano. El complejo de edificios había sido puesto en pie apenas siete años atrás, gracias a la iniciativa de dos altruistas, Juan de Dios Matus y Alonso Pérez Alonso, y pronto añadiría a sus barracones las casitas que con trozos de cartón y madera fueron construyéndose algunos enfermos dentro de esa ciudad de marginados inserta en el corazón de la capital. Al joven Pedro la imagen no pudo parecerle más deprimente: «Cuando vine al hospital había 37 pacientes, entre varones y mujeres. Esto era una montaña, donde hicieron un galerón que era una pocilga. También había unas casitas construidas con ripios, putrefactas, las camas hediondas a creolina. Todo aquello daba asco y no había medicamentos». En esas condiciones hacían su vida los enfermos, y así hubo de vivir también él, dedicándose a trabajar de carpintero y de mecánico. Al año y medio, cuando la enfermedad hubo remitido, fue dado de alta. Sin embargo, al dejar de recibir tratamiento alguno, la lepra se le volvió a extender por su cuerpo. Vuelta al miedo y al estigma. Ya era padre, había de proteger a sus niños, así que ingresó de nuevo en el centro hospitalario, y solicitó a su director un certificado asegurando que sus hijos estaban libres de la enfermedad para que al menos ellos pudieran tener una vida normal. Afortunadamente, las condiciones del Hospital Nacional de Dermatología variaron de forma radical con los años: a finales de los setenta se construyeron nuevas casitas con materiales de calidad y se adecentó el conjunto de las instalaciones. Hoy día a los enfermos ya no se les separa de sus familias y aísla, sino que en el hospital únicamente reciben el tratamiento que les ayuda a recuperarse.

Abilio Segarra relató su caso en marzo de 2017 a Pilar González Moreno, reportera de la Agencia EFE. Había sido ingresado en el alicantino Sanatorio de Fontilles a los 16 años. El de Fontilles es un centro de recios edificios encaramados en la sierra, en un espacio abierto y boscoso, levantado en 1909 gracias a la iniciativa del jesuita Carlos Ferris y del abogado Joaquín Ballester. La idea original es que funcionase como una ciudad amurallada, autosuficiente, en la que en 1951 ya habían ingresado al abuelo de Abilio. Nueve años más tarde llegaría su turno. Afortunadamente no estuvo mucho tiempo: año y medio después estaba ya de vuelta en casa aunque, como él mismo reconocería en otra entrevista concedida al periodista de El Mundo Pedro Simón, lejos de recibirlo con alegría, su padre se mostró distante y frío: «¿Ya has venido..., tan pronto?». Aun así, Abilio logró rehacer su vida, encontrando un trabajo y casándose. Otros muchos hubieron de hacer frente al mismo rechazo fuera e incluso dentro de sus propias familias, tan brutal como la enfermedad misma. Este rechazo era fruto de un miedo y un desconocimiento que aún imperan hoy día, como bien pudo comprobar la argentina Adriana a principios de la década de 2010.

En 2013 Adriana relató su caso al diario bonaerense La Nación. Quería que la gente supiese qué era pasar por aquello, precisamente ella que unos años atrás consideraba la lepra como un mal milenario ya extinto hacía décadas. De hecho, cuando los síntomas de la enfermedad empezaron a manifestarse en su cuerpo, no imaginó en ningún momento que pudiesen estar relacionados con la lepra. Ni tampoco los médicos que la atendieron al principio, que le recomendaban cremas y baños en agua tibia para tratar de aliviar el picor y los dolores que le producían aquellas molestas manchas que comenzaban a cubrirla. Al final, tras varios meses de sufrimiento y falta de respuestas, le llegó el fatídico diagnóstico. Al principio se le vino el mundo encima, confesaba. Era madre de seis niños y temía por ellos. Aquello no tenía cura, creía. Pronto descubrió que no era así: el tratamiento médico comenzó a hacer efecto y ella no hubo de alejarse de su familia. Incluso podía compartir sus cubiertos y toallas, pues, efectivamente, la enfermedad deja de ser contagiosa cuando se trata. Dos años después se había curado completamente. Este relato podría haberse repetido con muchas otras enfermedades, pero pocas son capaces de generar los miedos de la lepra.

Estos miedos rebrotaron en Chile a principios de agosto de 2017 cuando a un inmigrante haitiano se le detectó lepra en la Región de los Ríos. Rápidamente las redes sociales hicieron de altavoces de los viejos prejuicios mil veces repetidos, añadiendo a ellos connotaciones marcadamente xenófobas. Hubo de intervenir la propia presidenta Michelle Bachelet para poner fin a la tendenciosa campaña, afirmando sentir «vergüenza» y asegurando que «las enfermedades se curan con remedios y tratamientos a los que tiene derecho toda persona que habite en el país». Una postura valiente que unas décadas atrás hubiera agradecido la comunidad haitiana residente en otra gran nación americana.

La peste gay

A mediados de 1981, coincidiendo con el inicio de la ofensiva neoconservadora de la denominada «nueva derecha» de Ronald Reagan o Margaret Thatcher, comenzó a detectarse, primero en los EE. UU. y poco después en Europa, un fenómeno patológico aparentemente nuevo. A partir de junio de ese año, el Boletín epidemiológico semanal de los Centers for Disease Control (CDC) de Atlanta anunciaba un incremento súbito y casi simultáneo en Nueva York y San Francisco, en la incidencia entre gente joven y previamente sana de dos enfermedades muy inusuales y propias de individuos con sistemas inmunitarios defectuosos, ya bebés lactantes y ancianos, ya pacientes sujetos a terapias inmunosupresoras: la neumonía por un hongo conocido como Pneumocystis carinii y el sarcoma de Kaposi. Para mayor sorpresa, todos los casos formaban parte de un grupo social concreto: el de los varones homosexuales. En el caso de Los Ángeles, la alerta había partido de los propios médicos que habían atendido a estos pacientes, debido a su natural extrañeza. En Nueva York, en cambio, donde los pacientes habían sido atendidos en un número mucho mayor de hospitales universitarios, habían sido los servicios federales de vigilancia epidemiológica los primeros en apercibirse de las dimensiones del problema a partir de una pista muy diferente. En este segundo caso, el detonante de la alarma epidemiológica había sido el crecimiento en la demanda de un medicamento —la pentamidina—, que el Estado distribuía al margen de los canales comerciales y que solo se administraba ante casos muy raros de resistencia del patógeno responsable de la pneumocistosis a los antibióticos convencionales. Casos tan raros que entre 1967 y 1979 se había administrado tan solo en dos ocasiones. Sin embargo, en abril de 1981, una técnica responsable de las ordenanzas para los medicamentos de uso infrecuente informó al director del servicio de enfermedades parasitarias de que se habían realizado nada menos que nueve peticiones desde Nueva York ¡en los últimos dos meses!

Pronto, a causa de las peculiares características epidemiológicas y clínicas que se iban atisbando en la nueva enfermedad —alta contagiosidad, transmisión sexual y sanguínea, rápida difusión, manifestaciones clínicas muy variadas y severas, carácter incurable y elevada tasa de letalidad—, comenzaron a resucitarse unos miedos que parecían haber quedado definitivamente enterrados en Occidente cuando menos desde la pandemia gripal de 1917-1918. Los datos arrojados por el boletín epidemiológico de los CDC durante los siguientes meses no harían sino agravar esta psicosis colectiva. Aunque a medida que aumentaba el número de casos, comenzó a documentarse la presencia entre los pacientes de otros grupos sociales como varones no homosexuales y mujeres, la imagen de que el mal era algo propio de los homosexuales confirió desde un primer momento un sesgo muy particular al enfoque dado a la nueva y desconocida enfermedad. Para colmo, la actitud ambigua, cuando no abiertamente homófoba, de los expertos contribuyó a la estigmatización de los homosexuales, tiñendo además la práctica totalidad de las denominaciones que esta comenzaría a recibir: cáncer gay, neumonía gay, peste gay... En este contexto, los primeros estudios epidemiológicos se centrarían en el grupo de enfermos varones homosexuales y las hipótesis de trabajo dominantes relacionarían el nuevo mal con factores de riesgo supuestamente asociados a su «estilo de vida», como la «promiscuidad» y la inhalación de determinados estimulantes sexuales. También se barajaban como factores de riesgo la asistencia a casas de baños, una historia previa de sífilis, el consumo de cannabis y opiáceos, e incluso la exposición a heces durante la relación sexual.

A comienzos de 1982, el número de casos detectados en EE. UU. superaba ya los doscientos y el problema había rebasado las aparentes barreras impuestas por la geografía, la conducta sexual o el género. En efecto, los enfermos se extendían ya por quince Estados diferentes, a partir de los tres nichos iniciales de Los Ángeles, Nueva York y San Francisco; se había incrementado el número de enfermos heterosexuales, que unas veces eran inmigrantes haitianos y otras, heroinómanos, habiendo entre estos últimos una mujer. Fue entonces cuando comenzó a apuntarse que el desconocido agente causal podía ser un virus con un patrón de propagación similar al de la hepatitis B. La definitiva prueba confirmatoria de esta hipótesis llegaría en el verano de 1982, cuando se detectaron los primeros hemofílicos infectados a través de los hemoderivados empleados en el tratamiento de su enfermedad. Científicos y políticos comenzaban a apercibirse de que las referencias a los homosexuales no ayudaban a describir de modo preciso la epidemiología del nuevo fenómeno patológico. De manera paulatina, este pasaría entonces a ser conocido por la expresión Acquired Inmunodeficiency Syndrome o AIDS —Síndrome de Inmunodeficiencia Adquirida, aunque actualmente en el lenguaje médico especializado la enfermedad sea conocida como «infección por el Virus de la Inmunodeficiencia Humana y Síndrome de Inmunodeficiencia Adquirida» (VIH/sida)—, que el Boletín epidemiológico de los CDC comenzaría a utilizar a partir de septiembre de 1982. Para los CDC, el AIDS —«sida» en la mayoría de las lenguas latinas— era «una enfermedad al menos moderadamente predictiva de un defecto de la inmunidad celular, que incide en una persona sin causa conocida para presentar una disminución de la resistencia a tal enfermedad». En aquel momento, el conjunto de casos descritos ya se clasificaban en cinco grupos: varones homosexuales o bisexuales (75%); usuarios de drogas por vía parenteral sin historia de actividad homosexual masculina (13%); haitianos sin historia de homosexualidad ni de consumo de drogas por vía parenteral (6%); personas con hemofilia A, que no eran ni haitianos, ni homosexuales, ni usuarios de drogas por vía parenteral (0,3%), y otros no incluidos en ninguno de los grupos anteriores (5%).

Una enfermedad llamada sida

A partir de entonces la nueva enfermedad quedaba conceptualizada como un «síndrome», es decir, un cuadro clínico bien definido, pero cuyas causas y mecanismos patogénicos no podían prejuzgarse, y pasó de hablarse de «estilos de vida» a «grupos de riesgo». Aunque aún no se hubiese logrado detectar un agente transmisor para el sida, los epidemiólogos adoptaron el modelo de la hepatitis B para introducir medidas de salud pública tales como las recomendaciones de no mantener contactos sexuales con personas sospechosas o enfermas de sida, de evitar sus donaciones de sangre o plasma y de recurrir a las autotransfusiones. Por desgracia, en algunos medios de comunicación surgió una corriente de opinión empeñada en seguir dando un carácter divino a la enfermedad. Aunque ahora ya no se podía asociarla únicamente con los homosexuales, se comenzó a hablar de ella como una plaga selectiva que afectaba siempre a «los otros». De esta manera cobró cierta relevancia el calificativo de «enfermedad de las 4H» —homosexuales, heroinómanos, haitianos y hemofílicos—, al que algunos añadirían una quinta «h» en referencia a las prostitutas (hookers, en inglés).

Cartel de información sobre la amenaza del SIDA asociada con el consumo de drogas. NIH, 1989.

Por si fuera poco, en marzo de 1983 el propio boletín de los CDC calificaba dichos grupos como «de alto riesgo», es decir, «grupos cuyos miembros corrían mayor riesgo de infectarse y de infectar a otros, transportando un microbio capaz de transmitirse mediante tráfico sexual y de donaciones de sangre». Es verdad que a continuación subrayaban que «en cada grupo hay muchas personas que probablemente tenían poco riesgo de contraer el sida», pero para el conjunto de la población, los medios de comunicación e incluso muchos científicos, la inclusión dentro de uno de los grupos de riesgo significaba la asignación del estatus de portador y, consecuentemente, de potencial contaminador. Además, la decisión tomada de adoptar para el sida el modelo epidemiológico de una enfermedad tan extremadamente contagiosa como la hepatitis B solo sirvió para reforzar la idea de que el sida podía transmitirse incluso de modo casual. Un mito que perduraría años.

Un hecho vendría a cambiar paulatinamente esta visión de la enfermedad: en 1982, las investigaciones de los CDC de Atlanta, los National Institutes of Health (NIH) de Bethesda (EE. UU.), el Instituto Pasteur de París y la Organización Mundial de la Salud (OMS) permitieron localizar las cabezas de puente de la nueva enfermedad en todos los continentes. Por fin en mayo de 1983, el equipo de virólogos del Instituto Pasteur de París, dirigido por Luc Montagnier, logró aislar un virus que desde entonces es considerado el agente causal del sida, el llamado «Virus de la Inmunodeficiencia Humana» o VIH. Y tan solo un año después —mayo de 1984— alcanzó el mismo objetivo el equipo de cancerólogos del National Cancer Institute, de Bethesda (EE.

UU.), dirigido por Robert Gallo. Desde ese momento se abría la puerta a que el sida fuese caracterizado como un conjunto de problemas biomédicos abiertos a una resolución bioquímica en forma de fármacos y vacunas. En abril de 1984 pudo considerarse definitivamente probada la relación causa-efecto entre el virus y la enfermedad. El sida se convertía en un estado patológico específico debido a la infección por el VIH, de la misma manera que la sífilis venérea está causada por el Treponema pallidum, o la hepatitis B, por el llamado virus de la hepatitis B. Consecuentemente, el acrónimo SIDA, por el que se conocía el hasta entonces síndrome, se transformaba en «sida», como nombre de una nueva enfermedad específica. Esta redefinición del sida tuvo también algunas implicaciones sociales positivas, al contribuir a una cierta desestigmatización social de la enfermedad, que quedaba así convertida en diana de una cruzada sanitaria más, como lo había sido la polio en su día y como lo está siendo el cáncer más recientemente.

Un acontecimiento adicional ayudaría a situar de una vez el sida en el centro de la atención mediática mundial, por encima de prejuicios morales y miedos apocalípticos. En julio de 1985, el propio presidente Ronald Reagan, con quien hemos abierto este breve relato de los inicios del sida, hizo una llamada al Hospital Americano de Neuilly (París) donde se encontraba ingresado su amigo Rock Hudson. La conversación, según comentó luego la prensa, terminó con la promesa de Reagan de que «rezaría por su pronto restablecimiento». Desgraciadamente el 2 de octubre de ese mismo año, quien había sido uno de los actores más taquilleros de los años 50 del pasado siglo gracias a dramas como Gigante —película por la que había sido nominado al Oscar como mejor actor— y a una serie de comedias románticas junto a Doris Day, como Problemas de alcoba, fallecía en su residencia de Beverly Hills a la edad de 59 años. Pocas semanas atrás, uno de los pocos amigos que aún permanecía a su lado, Burt Lancaster, se había encargado de leer las que a la postre serían sus últimas palabras en un acto benéfico al que Hudson ya no pudo acudir debido a su débil estado de salud:

> «No estoy feliz por tener el sida, pero si esto puede ayudar a otros, al menos puedo saber que mi propia desgracia tiene un valor positivo».

Con todo, el mundo aún habría de esperar hasta 1987 para escuchar al presidente Ronald Reagan hacer su primera mención al sida, al que llegó a calificar como «el enemigo público número uno desde el punto de vista sanitario». En agosto de ese mismo año un comunicado de la agencia de noticias soviética Tass informaba de que a partir de ese momento se podría «obligar a hacerse la prueba del SIDA» tanto a los ciudadanos soviéticos como a los extranjeros que viviesen o permaneciesen en la Unión Soviética.

Las grandes potencias del momento daban ya, cada cual en su peculiar estilo, sus primeros y aún tímidos pasos en la movilización general contra esta nueva pandemia mundial. Pese a todos los esfuerzos, a día de hoy el VIH/sida sigue afectando a decenas de millones de personas en todo el mundo (en 2016, 36,7 millones de personas infectadas, con 1,8 millones de nuevas infecciones); y la prevención sigue siendo la mejor arma contra esta enfermedad, pues seguimos sin cura ni vacuna, por más que los tratamientos con fármacos antirretrovirales hayan permitido que su curso se haga crónico y se alargue la esperanza de vida de los pacientes.

Isaac Asimov fue contagiado por una transfusión contaminada con el virus del VIH.

PARA SABER MÁS

Arrizabalaga, Jon, «De la "peste gay" a la enfermedad de "los otros": quince años de historia del sida», Papeles de la FIM, 1997, 8 (2ª época): 169-182.

Bernabeu-Mestre, Josep; Ballester Artigues, Teresa, La ciutat del dolor: estigma, metàfores i exclusió social en la lluita contra la lepra, Fontilles (1904-1932), Teulada, Ajuntament de Teutlada / Institut d'Estudis Comarcals de la Marina Alta, 2002.

Carmichael, Ann G., «Leprosy», en Kenneth F. Kiple (ed.), The Cambridge world history of human disease, Cambridge, Cambridge University Press, 1993, pp. 834-839.

González Moreno, Pilar, «La lepra y sus confines», EFE: Salud, 3 marzo 2017: http://www.efesalud.com/lepra-confines/

«Juramento», Tratados hipocráticos. Vol. I. Edición de Mª Dolores Lara Peña, Madrid, Gredos, 1983, pp. 63-83.

Medina Malo, Carlos, Epilepsia: aspectos clínicos y psicosociales, Bogotá, Editorial Médica Panamericana, 2004.

«Nintendo advierte que los videojuegos pueden causar ataques epilépticos a niños y adolescentes», El País (Madrid), 14 enero 1993: https://elpais.com/diario/1993/01/14/sociedad/726966002_850215.html

«Pensaba que la lepra no existía hasta que me tocó a mí», La Nación (Buenos Aires), 3 octubre 2013: https://www.lanacion.com.ar/1625571-pense-que-la-lepra-no-existia-hasta-que-me-toco-a-mi

Sirias, Tania, «Don Pedro y su lucha contra el Mal de Hansen», Nuevo Diario (Managua), 12 julio 2009: https://www.elnuevodiario.com.ni/especiales/52196-don-pedro-su-lucha-mal-hansen/

«Sobre la enfermedad sagrada», en Tratados hipocráticos. Vol. I. Edición de Carlos García Gual, Madrid, Gredos, 1983, pp. 387-421.

FUE NOTICIA

Epidemia

El 10 de marzo de 1995, y por si no bastara el susto de que Ecuador y Perú hubiesen estado días atrás a punto de declararse abiertamente la guerra a causa de un larvado conflicto por la soberanía sobre el Alto Cenepa, el productor y director de cine Wolfgang Petersen —el mismo que años antes había enrolado a medio mundo a bordo del claustrofóbico U96 en la memorable Das Boot, en español titulada El submarino o El barco— decidió regalarnos una pesadilla de regusto apocalíptico: Outbreak, que por estos pagos se tradujo como Estallido o Epidemia. La película, basada en la novela homónima de Robin Cook, relataba cómo un virus llamado «Motaba», que había permanecido latente durante décadas en el profundo interior del África más recóndita, podía llegar a los Estados Unidos —y, por tanto, a la casa de cualquiera de nosotros— para extenderse sin freno, abocándonos a todos sin distinción a una muerte casi segura. En concreto, por culpa de un pequeño mono como involuntario portador del virus que desencadena todo. Bueno no, seamos justos: en concreto, por culpa del desalmado de Patrick Dempsey, que sacó al mono de su hábitat y lo introdujo ilegalmente en los EE. UU. para luego venderlo —venderla, de hecho, porque realmente el mono era una mona: Betsy—. Solo por lo mal que lo pasan los pobres Dustin Hoffman y Rene Russo tratando de encontrar un remedio mientras Morgan Freeman vive empeñado en solucionarlo todo a bombazos —como ya había hecho en los sesenta ante un brote anterior—, merece la pena ver la película. Sobre todo cuando —alivio general por la buena noticia— el virus en cuestión es ficticio.

Campaña de prevención contra el virus del Ébola en un mercado maliense.

La mala noticia llegaría pocas semanas después de su estreno, cuando a primeros de mayo un grupo de expertos de la Organización Mundial de la Salud (OMS) apuntó la posibilidad de que el brote infeccioso que se había cobrado ya cincuenta y nueve muertos en Kikwit —antiguo Zaire, hoy República Democrática del Congo— se debiese al virus Ébola, para el que, afirmaban, «no existe tratamiento y es mortal en el 90% de los casos»; una sospecha finalmente confirmada aunque su mortandad se redujera al 81% de los casos. Puede que Motaba no existiese, pero Ébola era muy real... y muy parecido. No en vano Robin Cook se había inspirado en los virus de la variedad de las fiebres hemorrágicas como las de Crimea— Congo y Lassa, el dengue o el propio Ébola. Con este compartía, además, un mismo origen en el centro de África —si Cook había situado el descubrimiento del Motaba en el Zaire de los años sesenta, el Ébola se detectó por primera vez en 1976, en el mismo Zaire, cerca del río Ébola— y una sintomatología muy similar. A diferencia de la ficción, en cambio, los principales portadores del Ébola no resultarían ser los monos sino con toda probabilidad los murciélagos, siendo el contacto con sus restos —órganos, carne, sangre, secreciones— el medio de contagio de otras especies, entre ellas los humanos. Y está claro que, una vez contagiado un humano, se propaga entre nosotros por contacto directo. Ello implica, naturalmente, que aquellas personas que conviven, o se encargan de cuidar y, llegado el caso, de enterrar los cadáveres de las víctimas, corren un alto riesgo de enfermar. Esta siniestra pesadilla cobraría carta de naturaleza, una vez más, en 2014.

El 6 de abril de 2014, Eduardo S. Molano, corresponsal

en Nairobi del diario ABC, firmaba un artículo titulado: «Ébola, pánico ante el avance del virus más letal», donde se recogían testimonios como el de Maddy Savane, residente en Macenta, la ciudad guineana considerada epicentro del brote: «Tenemos mucho miedo. Desconocíamos qué era el Ébola y cómo contenerlo». Hoy día se cree que el primer caso pudo producirse en diciembre de 2013 a unos 80 kilómetros de Macenta, en Meliandou, donde un niño de dos años moriría cuatro días después de haber caído enfermo. Tras él fallecerían su madre, su hermana y su abuela. Hasta esa fecha, esta enfermedad era desconocida en Guinea, por lo que las familias la trataban con los cuidados tradicionales utilizados en otras afecciones con similares síntomas. Ello permite explicar la alta tasa de letalidad, cercana al 70%, de la afección en estos primeros compases. Para marzo también se habían registrado casos en las vecinas Sierra Leona y Liberia, y en las semanas siguientes comenzarían a cerrarse todos los pasos fronterizos que unen estos países y otros limítrofes, mientras paralelamente se ponía sobre aviso a las autoridades médicas internacionales. Aun así, el virus seguiría su curso: Nigeria, Mali, Senegal... El 31 de julio el Gobierno liberiano ordenaba la clausura temporal de todas las escuelas del país y el 19 de septiembre las autoridades de Sierra Leona decretaban un toque de queda con el objetivo de identificar nuevos casos —una medida que repetirían una semana después—. Pese a todo, a principios de septiembre la situación empezaba a ser desesperada: el brote había ya matado a 1841 personas, de las que 134 eran trabajadores sanitarios, médicos y enfermeros en su mayoría. Desde la OMS, su portavoz Tarik Jasarevic no restaba dramatismo a la situación que se vivía: «Lo que realmente se necesita son sanitarios porque sin ellos realmente no tiene sentido tener centros de tratamiento, de los que se necesitan más sobre todo en Liberia, donde la gente simplemente no tiene a dónde ir». La propia OMS tenía ya desplegados en esa fecha a 202 especialistas —la mayoría en Sierra Leona, Guinea y Liberia, aunque también en Nigeria y Senegal—, pero la cifra resultaba del todo insuficiente. Desde el propio organismo calculaban que para hacer frente con garantías a la enfermedad precisaban de 12.000 sanitarios nacionales, además de casi un millar de expertos internacionales.

Caos y miedo

Como era de temer, la enfermedad comenzó a manifestarse también entre el personal extranjero allí destacado: médicos, misioneros, cooperantes. Inmediatamente varias naciones (Estados Unidos, España, Noruega, Suiza, Alemania o Italia) empezaron a repatriar a quienes habían o podían haber contraído la enfermedad con el fin de atenderles en sus propios hospitales. En casos como los de los misioneros Nancy Writebol y Kent Brantly, internados en Atlanta, EE. UU., un tratamiento a base de fármacos experimentales logró salvarles la vida. En cambio, en otros, como el de un empleado de la ONU de origen sudanés que fue trasladado de Liberia a la clínica St. Georg de Leipzig, Alemania, no se pudo encontrar un remedio a tiempo. También hubo casos en los que, tras un periodo de observación, pudo finalmente comprobarse que no se habían contagiado.

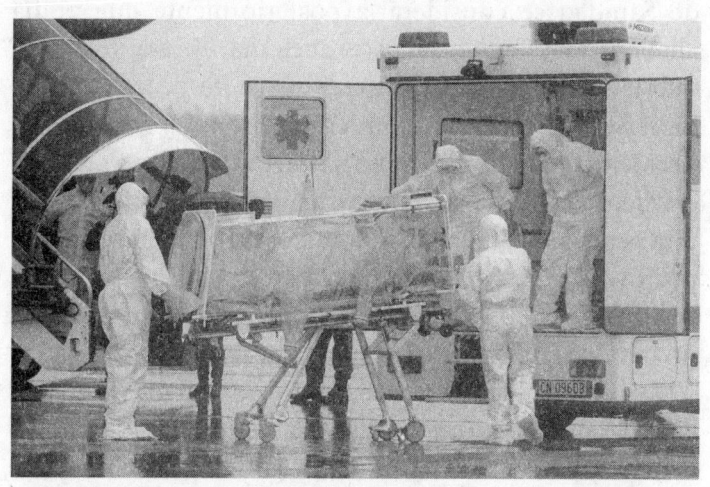

Simulacro de emergencia por ébola en Italia en 2014.

El 6 de octubre de 2014 un hecho cambiaría de forma radical la percepción y atención mediática de la enfermedad: a las cuatro de la mañana de ese día, una auxiliar de enfermería española llamada Teresa Romero se ponía en contacto con el sistema de alerta de salud pública madrileño. Días atrás, esta había formado parte del equipo médico que había atendido al misionero repatriado desde Sierra Leona Manuel García Viejo. Tras su fallecimiento el 25 de septiembre, Teresa —que se había tomado unos días libres— había comenzado a sentirse mal, por lo que se había puesto en contacto con el Servicio de Prevención de Riesgos Laborales del Hospital Carlos III de Madrid. Aunque se había constatado que tenía fiebre, en ese momento se había decidido no aislarla; una decisión que desde el propio Ministerio de Sanidad se consideraría posteriormente que podía «haber sido equivocada». Aquel día Teresa Romero, que lejos de mejorar cada vez se siente peor, vuelve a ponerse en contacto con emergencias, y finalmente deciden trasladarla a Urgencias del Hospital Fundación de Alcorcón. Al llegar, ella misma insiste en que le hagan una prueba de Ébola: los resultados arrojan un resultado positivo. Esa misma tarde, una segunda prueba confirma finalmente el positivo anterior. Por primera vez, se daba un caso de contagio por el virus Ébola fuera de África.

Las ediciones digitales de todos los medios internacionales no tardaron en hacerse eco de la noticia. El británico The Guardian titulaba: «Enfermera en España da positivo del virus del Ébola», mientras el norteamericano The Washington Post destacaba en la portada de su edición digital: «Enfermera en España contrae ébola», y el italiano Corriere Della Sera publicaba la noticia bajo el titular: «Ébola, primer contagio en Europa afecta a una enfermera española». Por su parte, el francés Le Monde, que encabezaba la noticia con un aséptico: «Primer caso de contagio de Ébola en Europa», apuntaba a la posibilidad de que la trabajadora sanitaria se hubiese podido infectar al tratar al misionero Manuel García Viejo, hipótesis que pronto se vería plenamente confirmada. Casi de forma paralela se desataba una enorme polémica en torno a las medidas de seguridad con que se había estado desarrollando la labor tanto de quienes habían atendido al misionero, como de quienes habían trasladado y asistido en un primer momento a la propia Teresa Romero. Para colmo, dos días después el consejero de Sanidad de la Comunidad de Madrid, Javier Rodríguez, declaraba en su comparecencia en el

Parlamento autonómico madrileño habérsele recomendado «que se tomase temperatura dos veces al día y que, de pasar de 38,6 grados, se pusiera en contacto con las autoridades sanitarias» sin que en ningún momento tuviera «fiebres superiores a 38,6 grados», por lo que «el caso fue considerado de bajo riesgo». Al final, añadía en su descargo: «Esto es de mi cosecha, pero no descarto que nos pudo haber estado mintiendo». En esos momentos, mientras Teresa Romero, ajena a toda esta polémica, se debatía entre la vida y la muerte, todas las personas con quienes había mantenido contacto eran puestas bajo vigilancia, y su perro, sacrificado. El 11 de octubre, un día antes de que se hiciese público un nuevo caso de contagio fuera de África, esta vez en los EE. UU., comenzó a administrarse a la paciente un «cóctel de fármacos». El día 14 se hablaba de una leve mejoría en su estado mientras la polémica política seguía su curso y en el Senado la entonces ministra de Sanidad Ana Mato acusaba a la oposición de «criticarla para tratar de arañar unos cuantos votos». Por fin, el 21 de octubre, tras haberla sometido a nuevas pruebas, se confirmó que Teresa Romero había logrado superar la enfermedad, aunque no fue dada de alta hasta el 5 de noviembre. Entre vítores y aplausos la auxiliar de enfermería, aún muy débil, declaraba a su salida del centro hospitalario: «No sé lo que falló, ni siquiera sé si falló algo… Solo sé que no guardo rencor, ni reproches (…). Si mi contagio sirve para algo, para que se estudie mejor la enfermedad y pueda ayudar a encontrar una vacuna o si mi sangre sirve para curar a otras personas, aquí estoy».

Terminaba así su calvario, pero no la polémica política, que aún se prolongaría hasta el 3 de diciembre, cuando el consejero de Sanidad de la Comunidad de Madrid declaraba a la agencia de noticias Europa Press: «Lo que tengo que hacer es felicitarnos porque no se ha muerto y porque haya tenido un final feliz», alegando que, si él «lo hubiese hecho mal», Teresa Romero «no estaría hablando». Al día siguiente el entonces presidente de la Comunidad de Madrid, Ignacio González, informó del cese del consejero. Una semana antes, la ministra de Sanidad, Ana Mato, ya muy tocada políticamente por su gestión de la crisis, se había visto obligada a presentar su dimisión por su vinculación con un caso de corrupción. La investigación judicial sobre la causa del contagio de Teresa Romero siguió su curso hasta su archivo provisional el 17 de enero de 2017 por parte de la magistrada del Juzgado de Instrucción número 21 de Madrid, María Teresa Abad, por concluir que no resultaba «debidamente acreditada la concurrencia de los requisitos necesarios para apreciar la existencia de un delito contra la seguridad e higiene de los trabajadores». El abogado de Teresa Romero, José María Garzón, recurriría en base a varios informes internos, que pocos días después recogería en sus páginas la revista Interviú. El reportaje bajo el título «El sumario del Ébola: caos y miedo en el hospital» contenía testimonios como el de quince médicos de Medicina Intensiva del Hospital Carlos III que semanas antes habían alertado de los riesgos a sus superiores en los términos siguientes:

> El Hospital no dispone de la infraestructura adecuada que garantice no solo el manejo adecuado del paciente, sino también la seguridad del personal especializado (...). Los protocolos son insuficientes (...). No podemos

asumir el riesgo de tratar a este tipo de pacientes, por la peligrosidad que eso supone no solo para nosotros, sino también para el resto de la población con la que tengamos contacto a posteriori.

Un final abierto que no hubiese imaginado ni el propio Robin Cook.

El virus del mono

Muchos años antes, otro virus de características similares había golpeado en el centro de Europa, en concreto en la ciudad alemana de Marburgo. El 5 de septiembre de 1967 el diario catalán La Vanguardia publicaba en su sección «Más información nacional y extranjera» una breve nota titulada «Mortal "epidemia del mono", en Francfort. Seis personas fallecen de una infección viriásica de los simios ugandeños», cuyo contenido reproducimos íntegro:

> Marburgo, Alemania Occidental. Siete personas se encuentran sometidas a absoluta cuarentena en Francfort, atacadas por una misteriosa enfermedad de carácter mortal, importada a Alemania por unos monos traídos de Uganda. Ayer resultaron muertas otras dos personas (con lo cual son ya seis las fallecidas por esta enfermedad), un cirujano veterinario de 39 años y un auxiliar de laboratorio de 28 años de edad. El director de sanidad de Francfort, el doctor Fritz Hoffmann, dijo que la enfermedad es producida por un virus identificado como «Arboz B», semejante al virus que causa la fiebre amarilla. Todos los monos

han sido exterminados.

En la misma columna, inmediatamente debajo, otra nota, esta vez proporcionada por la agencia de noticias EFE y titulada «Mentís en Kampala», informaba así:

El Gobierno de Uganda está investigando sobre las noticias de Alemania Occidental de que seis personas han fallecido allí de una misteriosa enfermedad producida por un virus llevado por monos importados de Uganda. Funcionarios de este país han manifestado hoy que no comprenden esta información, dado que Uganda no exporta monos Rhesus, la mayoría de los cuales proceden de la India. Uganda exporta centenares de monos grises a los institutos extranjeros de investigación. Las autoridades sanitarias manifestaron que en el país no se había producido ninguna muerte a causa de enfermedades producidas por contagio de los monos. Añaden que el virus del grupo citado por las autoridades sanitarias de Francfort es muy corriente en muchos lugares del mundo.

Situada en el valle del río Lahn, en el Estado de Hesse, Alemania, la pintoresca ciudad de Marburgo —en alemán, Marburg— no es solo famosa por su castillo medieval, sino también por su antiquísima universidad, de la que han salido nada menos que nueve premios Nobel científicos. Una cifra verdaderamente asombrosa, más aún si la comparamos con los siete que ha dado España en total — solo dos de ellos en materias científicas— o los cinco de Argentina —tres de ellos relacionados con investigaciones científicas—. Precisamente, el primero de los nueve galardonados de Marburgo fue el bacteriólogo Emil Adolf von Behring, quien con la dotación económica de su Nobel en Medicina fundó a principios del siglo pasado la compañía farmacéutica Behringwerke, dedicada inicialmente al desarrollo y producción industrial de sueros contra el tétanos y la difteria a partir de las dos antitoxinas que había descubierto en el curso de sus investigaciones.

Emil Behring (1854-1917) y su esposa Else Spinola (1876-1936). Foto de su boda, en Berlín, en 1896.

Con los años, las actividades de la Behringwerke se fueron diversificando y a finales de los sesenta del siglo pasado se trabajaba también en una nueva vacuna contra la polio. En 1967, veintisiete trabajadores del laboratorio (incluido uno en Yugoslavia), tras entrar en contacto con las vísceras de unos monos cercopitecos o verdes importados de Uganda para las investigaciones en este proyecto, comenzaron a presentar síntomas de una enfermedad desconocida.

Tras una breve incubación, de entre tres y nueve días, los contagiados comenzaron con malestar general y dolores de cabeza, junto con fiebre alta y, en ocasiones, conjuntivitis. Hacia el tercer día sufrieron diarreas acuosas y a partir del quinto, hemorragias continuas que terminarían costando la vida a siete de ellos. Y aun se producirían cuatro contagios más fuera del laboratorio, principalmente entre el personal médico que los atendió y la esposa del infectado yugoslavo del primer grupo —ya por contacto con los enfermos, ya a través del instrumental clínico empleado—, si bien todos ellos salvarían sus vidas. Por esta razón, este virus recibiría de modo perdurable el nombre de «Marburgo», pese al origen africano del agente causal identificado y a que todos los nuevos casos detectados en décadas posteriores procederían también de países africanos. Sobre todo de la República Democrática del Congo y Angola, en cuya provincia norteña de Uige, en 2005, un grave brote afectó a casi cuatrocientas personas, costando la vida al 88% de ellas, en su mayoría niños. Este brote cobraría repercusión en Europa por el fallecimiento de la pediatra italiana María Bonino, quien trabajaba como voluntaria italiana ayudando a combatirlo desde la organización humanitaria Medici con l'Africa CUAMM, de lo que se hizo eco el diario madrileño El Mundo en su edición del 27 de marzo.

Al igual que viene sucediendo con el virus del Ébola, en ausencia de vacunas o tratamientos antivirales efectivos contra esta fiebre hemorrágica, los esfuerzos sanitarios siguen centrándose hoy día en alertar a la población sobre sus vías de contagio —sobre todo por contacto interpersonal a través de fluidos corporales— y en aislar los casos confirmados o sospechosos, pues poco más se puede hacer ante tan terrible amenaza. Tan terrible, de hecho, que a mediados de los años setenta entró a formar parte de los virus objeto de interés como potenciales armas biológicas. En efecto, tal como confesó el primer director adjunto de Biopreparat — el programa de armas biológicas de la Unión Soviética—, Anatjan Alivekov, tras huir en 1992 a los EE. UU., en su laboratorio habían lograron, en el marco de un siniestro programa de guerra biológica, modificar genéticamente el virus de Marburg, creando una cepa más mortífera que produjeron con fines militares. O, mejor dicho, criminales.

El mal oscuro

Saltemos de nuevo en el tiempo y viajemos a la bellísima Nápoles, a mediados de 1978. Una familia de extracción humilde lleva a su hijo al hospital. El niño respira con tanta dificultad que su sangre y su misma piel se han tornado azuladas por el escaso oxígeno que llega a sus pequeños pulmones. Por desgracia, ningún antibiótico parece hacerle efecto y a los pocos días fallece.

No será el único caso: a lo largo del otoño el goteo de enfermos de la extraña dolencia es continuo sin que nadie acierte a encontrar una explicación convincente. Al principio se apunta a la vacuna triple vírica (contra la difteria, el tétanos y la tosferina) como la causa posible de estas muertes, pero pronto se demuestra que no es así. Se empieza a pensar en un virus que pueda afectar a las vías respiratorias de niños con un bajo nivel de defensas naturales. Se sospecha que este virus puede estar presente en el agua o en determinados alimentos, si bien se descarta que se contagie por contacto directo pues se conocen casos en prácticamente todos los barrios y pueblos cercanos a Nápoles. Para enero de 1979 son ya medio centenar los fallecidos.

Cunde el pánico entre los napolitanos y la gente empieza a hablar de una maldición, de una plaga bíblica, que pronto bautizarán como el «mal oscuro». Los centros de salud se colapsan y no hay personal médico suficiente para atender a tantos niños enfermos o sospechosos de estarlo. Se reclutan jóvenes médicos recién licenciados para reforzar los desbordados servicios de pediatría, mientras la opinión pública italiana permanece con el corazón en un puño ante las dramáticas imágenes de decenas de diminutos ataúdes que empiezan a copar las ediciones de los diarios nacionales. En Nápoles, por su parte, la gente se queja de sus malas condiciones de vida, de la pobreza, del hacinamiento, de la suciedad... Seis ratas por cada habitante, aseguran. ¡Quién no enfermaría en estas condiciones! En este explosivo clima, y a la par que los médicos se afanan por dar con una solución, los políticos locales encuentran un buen motivo para atacar a sus rivales. Desde la oposición, los democristianos acusan al alcalde comunista de las condiciones insalubres de la ciudad. La alcaldía responde que ellos habían llegado hacía cuatro años y que en tan poco tiempo les había sido imposible enderezar la herencia recibida de años de gobierno de la democracia cristiana.

Por fin, tras semanas de trabajo, a mediados de febrero un equipo de virólogos del Hospital Cotugno de Nápoles logra aislar el agente aparentemente causante del terrible mal: el virus respiratorio sincitial. La noticia traspasa fronteras y el diario madrileño El País se hace eco de ella a través de un artículo titulado «Un virus respiratorio es la causa del "mal oscuro" que mata a los niños de Nápoles»:

> Las autoridades sanitarias italianas han llegado a una conclusión tras analizar diversos informes de expertos internacionales en virología: el llamado «mal oscuro» que ha causado la muerte durante el pasado año y lo que va de este por lo menos a 65 niños de Nápoles está producido por un virus respiratorio sincitial —virus RS en el argot médico— para el que no se conoce ningún tratamiento. (…) [E]sta misteriosa enfermedad había producido violentos enfrentamientos entre los médicos italianos, ya que muchos de ellos han protestado por el abandono sanitario de la región de Nápoles. Lo que ha quedado bien patente, al margen de determinar las causas exactas de este mal y de sus complicaciones técnicas, es que la enfermedad ataca a los niños que viven en ambientes pobres, carentes, por tanto, de reservas. (…) Estas conclusiones confirman el diagnóstico hecho tan solo hace dos semanas por el doctor Giulio Tarro, uno de los grandes especialistas

italianos en virus, que ha estado en contacto con los médicos de Nápoles que trataron a los niños. Sin embargo, varios expertos del Instituto italiano de Sanidad creen que los niños muertos en Nápoles estaban afectados por otro virus, además del sincitial.

En ese mismo artículo, el doctor Luis Valenciano, director provincial de Salud de Madrid y especialista en virología, comentaba:

> Lo realmente inexplicable del caso de Nápoles es que un virus que es corriente en el resto del mundo presente características especiales en una determinada región. Ello puede deberse o bien a que ese virus posee una mayor capacidad de arraigo (o que se trata de una variante desconocida del virus) o a la propia debilidad de esa población infantil debido a su precaria situación individual y ambiental.

La realidad no podía ser más dramáticamente cruel: lejos de ser nada parecido a una plaga bíblica, el «mal oscuro» era una infección común trágicamente agravada, como entonces concluyeron los expertos, no solo por la corta edad de los enfermos y los rigores invernales, sino también por crecer en medios familiares de bajo nivel socioeconómico, hacinados en viviendas inadecuadas, sin calefacción, con excesiva humedad ambiental y mal alimentados. Causada por un germen bien conocido, presente en todo el mundo y generalmente poco virulento. Tan poco virulento, de hecho, que sus síntomas suelen confundirse con los del resfriado común, salvo cuando la mucosidad tapona las ramas bronquiales más diminutas de los infantes. En cualquier caso, su tratamiento pasaba por hidratar y oxigenar a los enfermos más graves mientras durase la infección. Un remedio sencillo que contrastaba con las aparentemente enormes dificultades que impedían a la clase política napolitana tomar cartas en este asunto. En el fondo, como denunció amargamente un diario de la oposición, hubiera bastado con aplicar en algún momento las mismas medidas que los napolitanos ya habían reclamado al rey Amadeo durante la epidemia de cólera de 1884: una red eficaz de alcantarillado, la remodelación de los barrios más humildes o la obtención de un suministro eficaz de aguas. Ideas que habían tratado de llevarse a la práctica a principios del siglo XX pero que finalmente solo se habían completado a medias, frenadas por la especulación, la corrupción y la dejadez de las autoridades políticas italianas, tanto locales como nacionales. Sus trágicas consecuencias las pagaban más de un siglo después casi un centenar de inocentes niños cuyo único pecado había sido nacer pobres en una ciudad bellísima como pocas... pero pobre.

La neumonía atípica

Apenas unos meses después sería la opinión pública española la que contemplase atónita cómo otra extraña afección comenzaba a cobrarse sus primeras víctimas en medio de un similar desconcierto general. La trágica historia arranca un primero de mayo de 1981, el último día en la vida de Jaime Vaquero, un niño de ocho años del municipio madrileño de Torrejón de Ardoz. Mientras la ultraderecha había convocado a sus bases a manifestarse en favor de la absolución de los inculpados en el recientemente fracasado golpe de Estado del 23 de febrero y los sindicatos habían llamado a las suyas a movilizarse contra el paro y por la libertad, Jaime fallecía en la ambulancia camino del hospital infantil La Paz, a resultas de una afección fulminante. La afección había dado sus primeros síntomas —dolor de cabeza, tos y fiebre ligera—, tan solo unas horas antes, al regreso del colegio la tarde anterior. Acababa de convertirse en la primera víctima oficial de un mal inicialmente etiquetado como «neumonía atípica», porque afectaba a los pulmones y no respondía a los antibióticos. El goteo de casos similares no pararía de crecer en los días siguientes, incluidos los padres y tres hermanos de Jaime, quienes lograron superar la fase aguda de la enfermedad, pese a que tres décadas después siguieran arrastrando sus graves secuelas. Los primeros casos habían aparecido en los barrios del cinturón obrero de Madrid, pero pronto se reportarían nuevos casos en distintos municipios de Castilla y León, y después también en otros muchos lugares sobre todo del cuadrante noroccidental de España.

Al principio nadie tenía certeza absoluta acerca de la causa de la extraña afección, lo que provocó la alarma de las autoridades sanitarias, que en esos primeros momentos decidieron guardar un hermético silencio administrativo para evitar que cundiese el pánico. Finalmente el día 9 el Ministerio de Trabajo, Sanidad y Seguridad Social se vio obligado a emitir la siguiente nota: «La vigilancia sanitaria intensificada tras la aparición de un brote de neumonía en dos familias de Torrejón de Ardoz ha permitido detectar la presencia de nuevos casos extendidos por distintas zonas de Madrid y municipios vecinos». Dos días después son ya más de un centenar los internados y el número de fallecidos sigue creciendo: tres el fin de semana del 9 y 10 de mayo, cuatro ese mismo lunes... El doctor Luis Valenciano —director general de Salud Pública y el mismo que había sido consultado por El País sobre la identidad del «mal oscuro» napolitano— trata de tranquilizar a la población: «El terna es importante, pero no alarmante; sabemos cómo diagnosticar la enfermedad y tenemos un tratamiento eficaz. La enfermedad se medica con un determinado antibiótico común». Comprensiblemente, sus palabras no evitan que cunda el pánico y la población sature las consultas de los hospitales.

Una semana después, el día 16 de mayo, el diario ABC informa en su sección local de Madrid de que «el "mycoplasma pneumonae" es el primer resultado» en la investigación llevada a cabo en el Centro Nacional de Virología de Majadahonda, Madrid, en torno al posible causante de la neumonía atípica. Esta hipótesis no convence a todos y paralelamente comienzan a surgir diversas teorías acerca del posible agente causante. Algunos apuntan a la legionela, que había sido identificada tan solo cinco años atrás a raíz de un brote agudo de neumonía en una convención de veteranos de la Legión estadounidense, celebrada en un hotel de Filadelfia y que había provocado la muerte de 29 de los 182 afectados. Otros, como la Delegación Provincial de Sanidad de León, atribuyen la enfermedad a diversos gérmenes causantes de neumonías atípicas transmitidos a través de aves, llegándose incluso al sacrificio de un buen número de ellas. Hay inclusive quienes la relacionan con la presencia de armas bacteriológicas o químicas en la base militar estadounidense de Torrejón de Ardoz. Sin embargo, es la noticia dada por ese mismo diario justo debajo de la anterior la que más nos llama la atención hoy día, pese a que en aquel momento se pasara por alto:

Sustituido el subdirector del Hospital del Rey. El subdirector del Centro Nacional de Enfermedades Infecciosas (Hospital del Rey), Antonio Muro Fernández Cabada [sic] ha sido suspendido de sus funciones por motivos de salud y como consecuencia del excesivo trabajo que ha soportado durante los últimos días, según informa el Ministerio de Sanidad. Como se sabe, el Hospital del Rey es uno de los centros clínicos que está atendiendo a los pacientes aquejados de neumonías atípicas, dolencia sobre cuya desconocida causa el doctor Fernández Cabada había manifestado días pasados a un diario madrileño que la tenía «cercada».

El cesado doctor Muro Fernández-Cavada, que estaba muy lejos de encontrarse agotado física y psicológicamente, no se amilanaría ante lo que vivió como una arbitrariedad administrativa, declarando tres días después en diversos medios: «La epidemia no se transmite por vía oral, sino por vía digestiva (...). De "mycoplasma", nada. Aunque haya aparecido en los enfermos, no creo que sea la causa de la enfermedad». En su opinión, habían de investigarse algunos alimentos, muy especialmente la fruta fresca, las lechugas y los espárragos. No se haría esperar tampoco mucho la respuesta oficial del Ministerio de Sanidad por boca, de nuevo, del doctor Valenciano, quien dos días después declararía a la radio pública RNE:

> Ante un brote como el de esta enfermedad, inicialmente de causa desconocida, el Ministerio y la Secretaría de Estado iniciaron desde el primer día una búsqueda amplia desde el punto de vista epidemiológico y de laboratorio. No se ha excluido ninguna posibilidad. Pero una encuesta epidemiológica para buscar un agente no conocido hay que hacerla con toda amplitud, sin prejuicios ni intuiciones geniales, de acuerdo con la técnica epidemiológica que existe en todo el mundo (…). El resto de las hipótesis vertidas hasta ahora por diferentes personas e incluso profesionales carecen en absoluto de la más mínima base científica. No se pueden hacer hipótesis de un tema que preocupa tanto a la población sin tener algún dato objetivo en que apoyar esa hipótesis. Al menos no lo podemos hacer los que tenemos la responsabilidad de la Administración en este país.

Ajena a esta polémica, la extensión de la crisis proseguía a un ritmo vertiginoso: el 21 de mayo ya son 14 las muertes y 1300 los casos registrados. Una cifra que estaba aumentando a una media de 150 nuevos enfermos diarios. El contexto sin duda menos adecuado para que al entonces ministro de Trabajo, Sanidad y Seguridad Social, Jesús Sancho Rof, se le ocurriese tranquilizar a la población a través de Televisión Española con unas palabras que darían la vuelta al mundo por su asombrosa puerilidad: «El síndrome es menos grave que la gripe. Lo causa un bichito del que conocemos el nombre y el primer apellido. Nos falta el segundo. Es tan pequeño que, si se cae de la mesa, se mata».

El síndrome tóxico

Afortunadamente, mientras el ministro hacía tan espantoso ridículo, un gran número de investigadores robaban horas a sus vidas para tratar de dar con la causa de esta «epidemia». Y a medida que perdían peso las hipótesis infecciosas, lo iba ganando la idea de que la misteriosa enfermedad podía estar causada por un envenenamiento masivo. Con todo, se estaba aún muy lejos de que cesaran las polémicas. Muy al contrario, a partir del 3 de junio surgió una nueva cuando el doctor Manuel Tabuenca, director del Hospital del Niño Jesús, tras haber analizado las encuestas epidemiológicas de los 230 enfermos tratados en su hospital —y que incluían el examen de los alimentos ingeridos por los enfermos— llegó a una conclusión que marcaría el devenir de las futuras investigaciones: el síndrome era un envenenamiento por aceite de colza desnaturalizado, en principio destinado a usos industriales, pero que, envasado en garrafas, se había comercializado para el consumo humano, vendiéndose a bajo precio en mercadillos ambulantes. Por una parte, se abría una ventana de esperanza, y de hecho el día 16 de junio el diario La Vanguardia titulaba un artículo «La epidemia podría desaparecer en 20 días», donde podía leerse lo siguiente:

> Durante toda la mañana se han reunido en el Ministerio de Sanidad, bajo la dirección del secretario de Estado,

Luis Sánchez Harguindey, más de un centenar de doctores e investigadores que desde el jueves han trabajado en torno a ese aceite a granel que puede ser el causante directo de la neumonía atípica. Fuentes extraoficiales aseguraban que parece definitivamente confirmado que el agente causal está en el aceite a granel, vendido de forma clandestina, en bidones de plástico de cinco litros y sin garantía sanitaria. Desde que se hizo pública la noticia de que en este tipo de aceite podría encontrarse el culpable de la enfermedad, han sido muchas las personas que han acudido a los hospitales sin tener ningún síntoma de estar enfermos, pero alarmados porque habían consumido aceite a granel. En la mayoría de los casos no se les apreció síntomas de haber contraído la enfermedad, pero deberán volver a revisión en el plazo de unos días. Según fuentes sanitarias, es probable que en los próximos quince días continúen detectándose casos de neumonía atípica, toda vez que la enfermedad tiene un período de incubación de unos 20 días, aunque se espera que a partir de este plazo comience a remitir por el simple hecho de haberse dejado de ingerir el aceite tóxico, que contiene un colorante derivado de la anilina y conocido como «acetilanida».

En contraposición a esta hipótesis, resurgió la figura del doctor Antonio Muro, apuntando a los insecticidas organofosforados empleados en cultivos intensivos de tomates de invernadero como la verdadera causa del envenenamiento. Agentes muy dispares a escala española e internacional —médicos, epidemiólogos, gestores sanitarios, industria química y farmacéutica, medios de comunicación y movimientos sociales, entre otros—comenzaron a tomar parte por uno u otro bando. La polémica, durante años enconada, se vio alimentada por algunas similitudes entre ambos hipotéticos envenenamientos en lo referente no solo a las lesiones anatomopatológicas y a las manifestaciones clínicas, sino también a su epidemiología, pues, al fin y al cabo, ambos bandos de contendientes coincidían en que el tóxico debía de encontrarse en las ensaladas. Pero sobre todo se vio atizada por las graves deficiencias en la recogida de datos durante la crisis sanitaria, así como por la ausencia de pruebas experimentales concluyentes para identificar el agente químico responsable. En todo caso, la verosimilitud de la hipótesis encabezada por el doctor Tabuenca se vería firmemente reforzada por la identificación de oleilanilidas en las partidas intervenidas. Estos compuestos orgánicos revelaban la manipulación de aceites industriales a altas temperaturas con el fin de extraer la anilina, el colorante utilizado para marcarlos como no aptos para el consumo humano. Una vez oficializada esta teoría, el esfuerzo de las autoridades se centró en impedir la distribución del aceite retirando del mercado las partidas localizadas e intercambiando por aceite de oliva, el que se había vendido en garrafas. Tal como portavoces sanitarios habían augurado en La Vanguardia, en pocas semanas el número de nuevas intoxicaciones disminuyó de modo drástico. Esta circunstancia, junto a investigaciones epidemiológicas ulteriores llevó finalmente a validar la teoría del aceite tóxico, pese a que hasta la fecha no haya podido reproducirse experimentalmente el síndrome a partir de ningún componente específico del aceite en cuestión.

El último capítulo de este drama aún estaba por escribirse: en mayo de 1989, tras un macrojuicio de quince meses, los empresarios responsables de la importación, manipulación y distribución del aceite industrial desviado al consumo humano fueron condenados a duras penas por «delito contra la salud pública e imprudencia temeraria profesional». A esta sentencia se sumó, ya en 1995, otra contra altos cargos gubernamentales que abriría la puerta a la asunción subsidiaria por parte del Estado, de indemnizaciones a los afectados por el síndrome. El pago de estas indemnizaciones, sin embargo, seguía siendo en 2011 objeto de reclamación en más de ocho mil casos.

Casi cuarenta años después, el síndrome tóxico ha costado la vida ya a más de cinco mil de las veinte mil personas intoxicadas; y miles de supervivientes del envenenamiento continúan padeciendo graves secuelas de salud como hipertensión pulmonar o neuropatías derivadas del mismo. A finales de 2017, desde la plataforma «Seguimos Viviendo» denunciaban el abandono institucional y exigían que se les garantizara una vida digna.

Valga decir que, como históricamente ha ocurrido con muchas crisis sanitarias, el síndrome tóxico forzó una reforma en profundidad, tras cuarenta años de dictadura, de los atrasados servicios de toxicología, vigilancia epidemiológica y salud pública españoles. Ya muy tarde para sus víctimas.

Sirva este capítulo de cariñoso recuerdo hacia todas aquellas víctimas en diversas crisis sanitarias, que fueron noticia durante unos meses, en su mayoría de forma anónima y colectiva, para quedar luego tristemente olvidadas con su dolor y secuelas en algún rincón de nuestra historia.

PARA SABER MÁS

«Cronología del ébola fuera de África», El Mundo (Madrid), 20 noviembre 2014: http://www.elmundo.es/grafico/espan a/2014/10/07/54342ab1e2704e432c8b458d.html

«Doctor Valenciano: "Las hipótesis vertidas sobre la neumonía atípica carecen de toda base científica"» ABC (Sevilla), 21 mayo 1981: http://hemeroteca.abc.es/nav/Navigate.exe/hemeroteca/sevilla/abc.sevilla/1981/05/21/021.html

«El aceite tóxico», La Vanguardia (Barcelona), 26, 27 y 28 de junio de 1981: http://hemeroteca.lavanguardia.com/preview/1981/06/26/pagina-12/32926066/pdf.html

http://hemeroteca.lavanguardia.com/preview/1981/05/22/pagina-13/32926601/pdf.html

http://hemeroteca.lavanguardia.com/preview/1981/06/28/pagina-15/32926663/pdf.html

«El ébola ha matado ya a 134 trabajadores sanitarios en África», Diario Sur (Málaga), 5 septiembre 2014: http://www.diariosur.es/sociedad/201409/05/ebola-matado-trabajadores-sanitarios-20140905130135-rc.html

Heras, Jesús de las, «La "locura" del doctor Muro», El País (Madrid), 6 febrero 1983: https://elpais.com/diario/1983/02/06/sociedad/413334002_850215.html

«Javier Rodríguez, consejero de Sanidad de Madrid, cesado», La Opinión A Coruña, 4 diciembre 2014: http://www.laopinioncoruna.es/espana/2014/12/04/javier-rodriguez-consejero-sanidad-madrid/905904.html

Lozano, Vanesa y Rendueles, Luis, «El sumario del Ébola: caos y miedo en el hospital», Interviú (Madrid), 30 enero

2017: http://www.interviu.es/reportajes/articulos/el-sumario-del-ebola-caos-y-miedo-en-el-hospital

Miranda, Isabel, «El virus "gemelo" del ébola que la URSS convirtió en arma biológica», ABC (Madrid), 11 agosto 2014: http://www.abc.es/sociedad/20140811/abci-virus-marburgo-arma-biologica-201408101715.html

«Mortal "epidemia del mono" en Francfort», La Vanguardia (Barcelona), 5 septiembre 1967: http://hemeroteca.lavanguardia.com/preview/1967/09/05/pagina-30/34351299/pdf.html?search=epidemia%20del%20mono

Preston, Richard, Zona caliente, Barcelona, Salamandra, 2015.

Quammen, David, Ébola: La historia de un virus mortal y otras enfermedades que se transmiten de animales a seres humanos, México, Penguin Random House, 2015.

«Un virus respiratorio es la causa del "mal oscuro" que mata a los niños de Nápoles», El País (Madrid), 15 febrero 1979: https://elpais.com/diario/1979/02/15/ultima/287881202_850215.html

REALIDAD Y FICCIÓN

M*A*S*H

En los primeros y gélidos días de 1951 la guerra de Corea cumplía su sexto mes y había pasado definitivamente de ser un conflicto local a una guerra mundial en miniatura. Por una parte, la República Popular Democrática de Corea, Corea del Norte, contaba con la ayuda de la URSS y, sobre todo, con el decidido y decisivo apoyo de la casi recién creada China Popular. Por la otra, junto a los surcoreanos combatían, además del Ejército de los Estados Unidos —su principal aliado—, soldados de varias naciones más del bloque occidental, como Canadá, Grecia, Australia, Bélgica, Colombia, Filipinas, Francia, Países Bajos, Nueva Zelanda, Reino Unido, Etiopía, Turquía o ¡Luxemburgo! Todas ellas en cumplimiento de la resolución 83 del Consejo de Seguridad de las Naciones Unidas, adoptada el 27 de junio de 1950 al no presentarse el representante soviético y, por tanto, no ejercer su derecho a veto. Esta resolución consideraba el ataque norcoreano como una «violación de la paz» y urgía a los países miembros de las Naciones Unidas a que facilitasen toda la asistencia necesaria a la República de Corea, Corea del Sur, «para repeler el ataque armado y restablecer la paz y la seguridad internacionales en la zona».

La guerra, que hasta la fecha había sido una continua progresión de avances y retiradas, comenzaba a estancarse en medio de feroces combates en torno al paralelo 38. En tales circunstancias, al nuevo comandante de la Segunda División de Infantería de los Estados Unidos se le ocurrió dar a sus tropas una de las órdenes más raras que se recuerdan en la historia militar. Aunque pueda sonar a guasa, el major general —general de división— Robert B. McClure ordenó a sus hombres que se dejasen barba y bigote. Según el testimonio del capitán John Carley —recogido por David Halberstam en La guerra olvidada: Historia de la guerra de Corea—, McClure «había visto algunos soldados turcos con barba y le pareció que les daba un aspecto temible por lo que los estadounidenses debían dejársela también, así que tuvimos que hacerlo aunque la mayoría de nosotros la odiábamos». Por fortuna para aquellos pobres soldados ateridos de frío y sometidos a constantes choques cuerpo a cuerpo, McClure no duraría muchas semanas más al mando, siendo pronto relevado y enviado a un nuevo destino... en California.

A veces, la realidad supera con creces la ficción; otras veces, en cambio, la ficción más inverosímil o sarcástica sirve para ocultar tras la apariencia de una broma historias trágicamente reales que de otra manera serían demasiado polémicas —o peligrosas— de abordar. Un buen ejemplo de ello fue el estreno en 1970 de la película de Robert Altman MASH, con Donald Sutherland, Elliott Gould y Robert Duvall en sus papeles protagonistas. El largometraje, como el libro autobiográfico MASH: una novela sobre tres médicos del Ejército publicado en 1968 por Richard Hooker —pseudónimo literario del doctor Richard Hornberger, quien había servido precisamente en un MASH durante la guerra de Corea—, buscaba reflejar con crudeza y no poco sentido del humor, las realidades a las que había tenido que plantar cara. Como que las estrictas normas del Ejército en ocasiones eran sencillamente imposibles de adaptar al día a día en el frente. O que en los MASH se alternaban periodos de frenético trabajo con temporadas de absoluta calma. O que, más allá de la guerra, los médicos y enfermeras que trabajaban en ellos se esforzaban por encontrar la manera de sobrevivir lo más placenteramente posible a la tensión de un servicio tan cerca del fuego enemigo. En efecto, los MASH, acrónimo inglés de «Hospital quirúrgico móvil del Ejército», constituían una red de hospitales literalmente situados en la primera línea de combate. Diseñados en los últimos compases de la Segunda Guerra Mundial y empleados masivamente desde la guerra de Corea hasta que en 2006 serían sustituidos por los «Hospitales de apoyo de combate», tenían la función de atender de urgencia a los heridos del frente, que eran allí transportados por sus compañeros y sanitarios tras una primera cura sobre el terreno para, posteriormente, ser derivados a otros hospitales en retaguardia. Tan solo un pequeño alto en el camino, aunque de capital importancia: más del 95% de los soldados atendidos en los MASH sobrevivieron a sus heridas.

Reparto principal para el estreno del programa de televisión M * A * S * H en 1972. CBS.

En 1970 la guerra de Corea era ya solo el amargo recuerdo de un frustrante empate, mientras que la guerra de Vietnam se encontraba en su apogeo y las noticias que llegaban de ella no podían resultar más desalentadoras. Conforme ganaba fuerza en los Estados Unidos el movimiento contrario a la guerra, crecía la fama de esta novela de médicos rebeldes y militares cuadriculados. De ahí que, aunque Altman situara la acción de su película en los mismos campos de batalla coreanos de la novela, a nadie se le escapaba que su escenario real era otro. En efecto, como bien comentaba David Halberstam en su libro, pese a que «en aquella época a los ejecutivos de Hollywood todavía les asustaba presentar al público una película contra la guerra de Vietnam (...) pensando que era un tema demasiado delicado como para tratarlo de forma irreverente (...), cualquiera podía ver que los soldados y oficiales aparecían con las greñas típicas de los años de Vietnam y no con el rapado propio de la época de Corea». Un espíritu burlón y canalla que el productor Gene Reynolds sabría a su vez trasladar a la pequeña pantalla, gracias a la colaboración de tres geniales actores: Alan Alda, Wayne Rogers y McLean Stevenson. Su adaptación de MASH sería uno de los grandes hitos de la historia de la televisión y se convertiría en una de las series de mayor duración y éxito en Estados Unidos, con once temporadas y un total de 251 episodios.

Pero los tiempos cambiaron en los años ochenta: Ronald Reagan había ganado las elecciones de 1981 y al año siguiente, el ex boina verde John Rambo había puesto patas arriba la pequeña localidad de Hope y con ello a cuantos dudaban del papel de los norteamericanos en la guerra de Vietnam. MASH empezaba a quedar atrás, como el espíritu rebelde de la década en que se había gestado. Aun así, su último episodio, el 28 de febrero de 1983 —precisamente el mismo año en que la serie comenzaría a emitirse en España, donde era el rancio militarismo de la dictadura el que empezaba a quedar atrás—, fue el programa más visto en los Estados Unidos hasta la Super Bowl del año 2010. Sin duda, un gran final.

Cinco años en Gò Công

Una historia que no fue fruto de la imaginación ni de la adaptación novelada de la vida de ningún médico-literato la vivieron un grupo de españoles en el hoy día desaparecido Vietnam del Sur. Se trata de un episodio muy poco conocido de nuestra historia reciente: la participación entre 1966 y 1971 de un contingente de más de cincuenta médicos, practicantes y enfermeros del Ejército español en la guerra de Vietnam como parte de la operación Más banderas. Esta operación, diseñada por el entonces presidente de los Estados Unidos Lyndon B. Johnson, buscaba reforzar el apoyo internacional a la intervención bélica de su país contra la comunista República de Vietnam del Norte y la guerrilla del Viet Cong. Pero salvo contadas excepciones, sus empeños resultaron un fracaso, y ni siquiera el dictador español Francisco Franco mostró excesivo entusiasmo por la misma. Johnson le había pedido por carta que «considerase seriamente» la posibilidad de ayudar a Vietnam del Sur «mediante métodos que indiquen claramente al mundo y quizás especialmente a Hanoi la solidaridad del apoyo internacional a la resistencia contra la agresión en Vietnam y al establecimiento de la paz en dicho país».

En su respuesta de agosto de 1965, Franco, tras agradecerle su «sincero enjuiciamiento» sobre «la situación en el Vietnam del Sur y los esfuerzos políticos y diplomáticos que, paralelamente a los militares, los Estados Unidos vienen desarrollando para abrir paso a un arreglo pacífico», pasó a esbozarle un análisis de la situación militar que aún hoy día no tiene desperdicio:

Presidente Lyndon B. Johnson, 1969.

Mi experiencia militar y política me permite apreciar las grandes dificultades de la empresa en que os veis empeñados: la guerra de guerrillas en la selva ofrece ventajas a los elementos indígenas subversivos que con muy pocos efectivos pueden mantener en jaque a contingentes de tropas muy superiores; las más potentes armas pierden su eficacia ante la atomización de los objetivos; no existen puntos vitales que destruir para que la guerra termine; las comunicaciones se poseen en precario y su custodia exige cuantiosas fuerzas. Con las armas convencionales se hace muy difícil acabar con la subversión. La guerra en la jungla constituye una aventura sin límites (…). Cuanto más se prolongue la guerra, más empuja al Vietnam a ser fácil presa del imperialismo chino, y aun suponiendo que pueda llegar a quebrantarse la fortaleza del Viet Cong, subsistirá por mucho tiempo la acción larvada de las guerrillas, que impondrá la ocupación prolongada del país en que siempre seréis extranjeros. Los resultados, como veis, no parecen estar en relación con los sacrificios.

Y si sorprendente es esta visión que a la larga quedaría plenamente confirmada, qué no decir del análisis político con el que terminaba su carta:

La subversión en el Vietnam, aunque a primera vista se presente como un problema militar, constituye, a mi juicio, un hondo problema político; está incluido en el destino de los pueblos nuevos. No es muy fácil al Occidente comprender la entraña y la raíz de sus cuestiones. Su lucha por la independencia ha estimulado sus sentimientos nacionalistas; la falta de intereses que conservar y su estado de pobreza les empuja hacia el social-comunismo, que les ofrece mayores posibilidades y esperanzas que el sistema liberal patrocinado por el Occidente, que les recuerda la gran humillación del colonialismo. Los países se inclinan en general al comunismo, porque, aparte de su poder de captación, es el único camino eficaz que se les deja. (...) No conozco a Ho Chi Minh, pero por su historia y sus empeños en expulsar a los japoneses, primero, a los chinos después y a los franceses más tarde, hemos de conferirle un crédito de patriota, al que no puede dejar indiferente el aniquilamiento de su país. Y dejando a un lado su reconocido carácter de duro adversario, podría sin duda ser el hombre de esta hora, el que el Vietnam necesita.

Sabemos que el presidente de EE. UU. recibió esta carta, pues una copia en inglés de la misma se encuentra recogida entre los volúmenes del Foreign Relations of theUnited States, 1964-1968; lo que no podemos imaginar es qué hubiera pasado si le hubiera hecho caso.

Un médico estadounidense trata a un teniente estadounidense, con una pierna quemada por una trampa explosiva de fósforo blanco.

Pese a la resistencia de Franco a involucrarse en el conflicto, las autoridades estadounidenses lograron arrancar al dictador, en virtud de los acuerdos militares bilaterales de 1953, el compromiso de enviar una misión médica «confidencial» integrada por doce sanitarios militares, que serían relevados cada seis meses. Tras el proceso de selección pertinente, los primeros doce componentes de la que sería conocida como «Misión Sanitaria Española de Ayuda al Vietnam del Sur» fueron enviados en secreto, de paisano y en aviones civiles a la entonces capital de Vietnam del Sur, Saigón, en un largo viaje con escalas en Roma, Karachi y Bangkok. A cambio, el Gobierno estadounidense corrió con los costes de desplazamiento y salarios, suministrándoles uniformes y armas. Sin embargo, el viejo hospital al que fueron destinados en Gò Công, una pequeña ciudad del delta del río Mekong cercana a Saigón, distaba mucho de estar acondicionado para la ingente labor que habrían de desempeñar. Con apenas 150 camas, se calcula que solo en los primeros seis meses de trabajo hubieron de hacer frente a más de diez mil consultas. La mayoría de ellas estuvieron protagonizadas por población civil, sobre todo madres con niños enfermos de paludismo, difteria o diarreas por causas diversas —cólera, fiebre tifoidea, parásitos intestinales, etc.— y víctimas de las bombas incendiarias de napalm o de las minas antipersona. También atendieron a militares survietnamitas y estadounidenses —si bien estos últimos eran los menos pues contaban con sus propios hospitales— y hasta a guerrilleros comunistas del Viet Cong, que unas veces eran conducidos allí por sus captores norteamericanos, y otras llegaban voluntariamente, sabedores de que serían igualmente atendidos. Este trato humanitario no pasó desapercibido entre sus pacientes. Los habitantes de Gò Công obsequiaron a la misión médica llamando Cau Tay

Ban Nha —«puente de España»— a uno de los puentes construidos entonces en la región. Por su parte, el Viet Cong jamás atacó sus instalaciones ni a los miembros de su personal, salvo durante la ofensiva de Tet a comienzos de 1968..., tras la cual ¡se disculparon!

La ingente labor de esta secreta misión sanitaria pasó desapercibida en España, donde el Gobierno puso mucho interés en no publicitarla, consciente de la mala prensa que tenía esa guerra entre la mayoría de los españoles. De ahí que la sombra del olvido cayera sobre ella hasta su reciente rememoración, casi cincuenta años después, gracias a trabajos como el libro de José Luis Rodríguez Jiménez, Salvando vidas en el Delta del Mekong: la primera misión en el exterior de la sanidad militar española (Vietnam del Sur, 1966-1971) o el documental escrito y dirigido por Manuel Alonso Navarro, Go Kong, la guerra secreta de los españoles en Vietnam.

En contraste con la infinidad de médicos y demás trabajadores sanitarios que, como los protagonistas de la Misión Sanitaria Española de Ayuda al Vietnam del Sur, no han visto nunca recompensados sus esfuerzos con la gratitud del reconocimiento público, a mediados de la primera década del nuevo siglo un «médico» fuera de lo común entraría en nuestras casas para quedarse durante una larga temporada.

House M. D.

El 23 de octubre de 2011 el diario argentino La Nación publicaba una entrevista del periodista Hernán Iglesias lla al actor británico Hugh Laurie, quien, entre otras cosas, se expresaba en los siguientes términos:

> No estoy cansado de interpretar al personaje. Pero hay muy pocas cosas en la vida que uno quiere hacer 16 horas por día, todos los días. Ni siquiera el sexo o la comida. El ritmo de trabajo es a veces abrumador. Al revés que en una película o una obra de teatro, donde uno puede ver el final, aquí nunca es así. Aquí la sensación es que cualquier cosa que hagas, cualquier problema que solucionas, viene otro problema inmediatamente detrás.

El fenómeno House se encontraba entonces en su cénit a nivel internacional tras siete años en pantalla y aún tendría una temporada más, pese a que, como había confesado el propio Laurie en 2010 a la agencia de noticias española EFE, al principio creía que aguantaría «tan solo dos semanas». Y ello no porque Hugh Laurie fuese un mal actor, en absoluto, sino más bien porque hasta entonces sus papeles habían estado en las antípodas del astuto y antipático médico. Conviene recordar que Laurie formaba parte de la camada de geniales humoristas que dio el Reino Unido a principios de los años 80, junto al llorado Rik Mayall, Robbie Coltrane, Stephen Fry o Rowan Atkinson. Su carrera cinematográfica comenzó a forjarse durante su vida universitaria a raíz de una mononucleosis que lo mantuvo apartado del remo durante una temporada. Fue entonces cuando conoció a Fry y a Emma Thompson, con quienes años después rodaría Los amigos de Peter. La carrera de Hugh Laurie proseguiría con la interpretación de los personajes más disparatados en la serie La víbora negra, aunque no dejara por ello de ponerse en la piel de personajes dramáticos. En todo caso, nada hacía pensar entonces que el cien por cien británico Laurie se convertiría algún día en el cien por cien yanqui doctor House de quien en 2012 el crítico cinematográfico Toni García dibujó el siguiente retrato en el diario español El País:

> Gregory House es un cabronazo: denigra a los pacientes, parasita a sus amigos, humilla a sus parejas y ofende hasta a su sombra. Incluso su bastón huiría de él si alguna vez le quitara los ojos de encima pero, sin embargo, todos nos iríamos de copas con el facultativo más mamarracho que ha dado la medicina catódica aun sabiendo que probablemente a la mañana siguiente estaríamos en comisaría o en el psiquiátrico.

¿Cuál fue la razón del éxito de una serie que alcanzó a nivel internacional cifras millonarias de telespectadores, permitiendo a Laurie convertirse, con un sueldo que llegó a los 400.000 dólares más contratos de publicidad, en uno de los actores mejor pagados del momento? Sin duda, el buen trabajo de decenas de actores y demás profesionales que, durante años, supieron mantener el ritmo de la serie sin que decayese un ápice, sino más bien lo contrario.

En el origen, sin embargo, jugó también un papel clave la conjunción de dos buenas ideas, dos buenos puntos de partida, luego explotadas con suma maestría. Por una parte, la decisión tomada por Paul Attanasio de convertir en serie la columna «Diagnóstico» que se publicaba en The New York Times. Su autora, la doctora Lisa Sanders

—a quien, por cierto, Attanasio ficharía como asesora—, acostumbraba partir de un caso de síntomas atípicos, para descubrir primero cuál era la enfermedad y después cuál había de ser su remedio. Por la otra, la no menos genial ocurrencia que tuvo el guionista canadiense David Shore, en quien Attanasio había depositado su confianza, de inspirarse en el icónico Sherlock Holmes para cincelar la personalidad del protagonista principal, el doctor House. Ciertamente, House bebe mucho de Holmes, siendo frecuentes los guiños a Arthur Conan Doyle como creador del detective británico: emplea un mismo método deductivo para resolver sus casos —posiblemente lo único que le da sentido a su vida— y comparte una misma pasión por la música.

Hugh Laurie.

Sin embargo, las diferencias entre ambos son también sensibles. Por ejemplo, en su forma de relacionarse con la gente que les rodea: pese a que ambos tienen a un único amigo, el doctor Watson —Holmes— y el doctor Wilson —House—, Holmes es un consumado misógino que tan solo considera a Irene Adler digna de su reconocimiento —¿y amor?—, mientras House es igual de desagradable con cuantos le rodean, sean hombres o mujeres, si bien no tiene —relativamente— problema alguno en trabajar codo con codo con varias mujeres en su equipo. Otro rasgo diferencial entre ambos, que actualmente no podría admitirse, o al menos no con la facilidad con que se aceptaba en la, por otra parte, terriblemente puritana y mojigata sociedad victoriana, es la adicción de Holmes a la cocaína, droga que en la novela El signo de los cuatro consideraba tan «trascendentalmente estimulante y esclarecedora para la mente», que sus efectos secundarios le importaban bien poco. House podría haber suscrito la súplica de Holmes: «Mi mente se rebela contra el estancamiento. Deme problemas, deme trabajo, deme el criptograma más abstruso o el análisis más intrincado, y me sentiré en mi ambiente. Entonces podré prescindir de estímulos artificiales»; pero si toma drogas, en concreto un potente medicamento analgésico, es para calmar los incapacitantes dolores que le provoca una necrosis muscular en su pierna derecha y que lo mantienen atado a su inseparable bastón durante casi toda la serie.

En conclusión, si bien ambos personajes sufren una adicción, esta obedece a causas muy diferentes y muy al contrario que Holmes, House al menos se esfuerza por superarla a lo largo de la serie. Entre otras cosas porque hoy día conocemos mucho mejor que antes los efectos físicos y psicológicos de las adicciones, en parte gracias a casos tan asombrosos, pero completamente ciertos, como el siguiente.

"THE PIPE WAS STILL BETWEEN HIS LIPS."

Dibujo de Sherlock Holmes en El hombre del labio retorcido que apareció en The Strand Magazine en diciembre de 1891.

Contra la tos seca, ¡jarabe de heroína!

Hoy día, todos asociamos la compañía alemana Bayer a la famosa aspirina de la que ya hemos tenido oportunidad de hablar en este libro. Sin embargo, hace ahora poco más de cien años, la Bayer era también conocida por otro producto aparentemente milagroso contra distintas afecciones respiratorias caracterizadas por tos fuerte o seca, o sencillamente como remedio preventivo contra las consecuencias de la estación lluviosa: el jarabe Bayer de heroína. No, no es broma: de heroína, el nombre comercial que dieron estos laboratorios a la diacetilmorfina, un opiáceo derivado de la morfina, que había sido descubierto en 1883 por el químico alemán Heinrich Dreser, el mismo que seis años después describiría las propiedades terapéuticas del ácido acetilsalicílico como analgésico y antiinflamatorio. Con la nada sutil diferencia de que mientras se alertó de los posibles efectos tóxicos de la aspirina, nada peligroso se había observado en la heroína. Muy al contrario, en sus primeras pruebas se constató que la heroína, en pequeñas dosis, no tenía los efectos secundarios de la morfina, razón por la cual se presentó no solo como un potente analgésico, sino también como un eficaz sustituto de esta. De hecho, su nombre comercial ya era toda una declaración de intenciones: lo compusieron a partir del adjetivo «heroico», que en la farmacopea tradicional se aplicaba a los medicamentos extremadamente enérgicos y eficaces, y el sufijo «-ina», presente en muchos términos médicos, sobre todo fármacos: morfina, cafeína, aspirina...

Tampoco iría a la zaga de tan pretencioso nombre el uso que decidieron darle. Inmediatamente comenzó a comercializarse como eficaz jarabe infantil —sí: infantil— contra la tos, la irritación de la garganta o simplemente como protector frente a los efectos adversos de los fríos otoñales, bajo lemas publicitarios como «la tos desaparece con el jarabe Bayer de heroína», «mi catarro ha desaparecido con jarabe Bayer de heroína» o «en la estación lluviosa, jarabe Bayer de heroína».

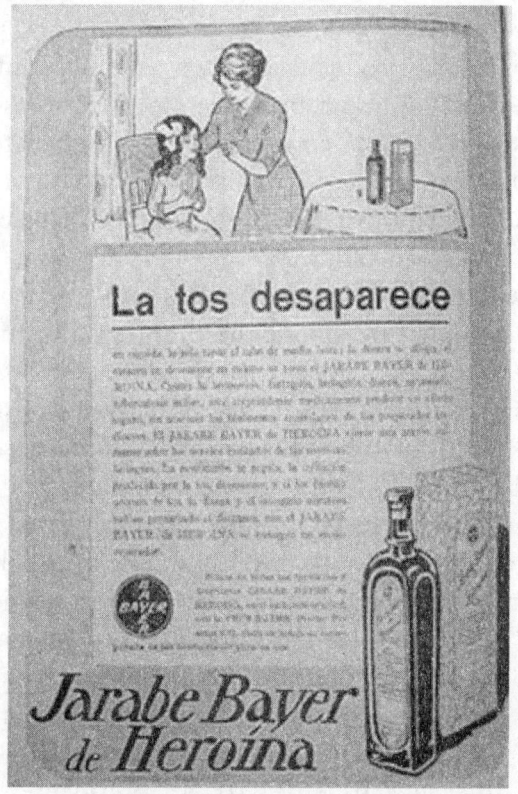

Anuncio de jarabe Bayer de heroína.

Lógicamente, no tardarían en observarse casos de niños que, afectados de problemas respiratorios severos, mostraban una creciente dependencia del jarabe milagroso. Aun así, habrían de pasar algunos años antes de descubrirse que la heroína, al ser absorbida por el hígado, se transformaba en gran medida en morfina, causando en sus consumidores una adicción incluso más intensa que esta. La Bayer ordenó la paralización de su producción ya antes de la Gran Guerra, pero la heroína siguió produciéndose en grandes cantidades hasta 1930, al continuarse empleando, en algunos países, como sustituto de la cocaína o la morfina en terapias de reemplazo. De hecho, en las farmacias alemanas la prohibición definitiva de la heroína expedida bajo receta médica no llegaría hasta 1971.

En 2010 las drogas derivadas del opio eran causantes de más de quince millones de adicciones y de la mitad de las muertes por drogadicción en el mundo. De todas ellas, la heroína es actualmente la droga ilegal más consumida, responsable de innumerables tragedias humanas, derivadas de la fuerte adicción psíquica y física que provoca en sus consumidores, cuyo sistema nervioso y salud acaban destrozados. Es una de las sustancias más peligrosas del mercado negro, y su consumo está resurgiendo con fuerza, debido a la crisis económica, en los entornos desfavorecidos del mundo desarrollado, habiéndose aparentemente convertido en la causa de muerte más común entre los estadounidenses menores de 50 años. De ahí que en agosto de 2017 el presidente Donald Trump declarara la adicción a los opiáceos —heroína, fentanilo, carfentanilo…— como «una emergencia nacional» e hiciera del combate contra ella una de las prioridades de su gobierno. No era para menos: en 2016 habían fallecido por su culpa, tan solo en los EE. UU., más de 60.000 personas —el célebre cantante Prince entre ellos—, más que el número de víctimas en accidentes de tráfico o por armas de fuego. Se trata además de un problema que va mucho más allá de sus fronteras, tal como la Comisión Interamericana para el Control del Abuso de Drogas (CICAD) ya había alertado en 2015:

> Hasta hace pocos años, el consumo de heroína parecía estar concentrado solamente en los países de América del Norte. Sin embargo, en el último tiempo esta realidad ha ido cambiando y en algunos países de América Latina y el Caribe se han identificado episodios de consumo y de demanda de tratamiento inusuales por heroína (…). [H]oy son pocos los países en América Latina y el Caribe que reportan el consumo de heroína en sus poblaciones, [pero] la CICAD considera que es un problema en ciernes y, por lo tanto, requiere de un monitoreo y de un abordaje específico e integral tendiente a prevenir su desarrollo en el futuro.

La curiosa historia de la heroína no puede, pues, hacernos olvidar el inmenso drama escondido en nuestros días tras esta terrible droga.

El hombre que leía con la lengua

La vida del detective privado Benny Cooperman cambió la mañana que despertó en la cama de un hospital de Toronto. Horas antes lo habían llevado allí desde un vertedero, tras encontrarlo sin conocimiento, junto al cadáver de una mujer desconocida. Parecía claro que debía de andar cerca de descubrir algo muy serio cuando alguien decidió quitarles de en medio a aquella pobre mujer y a él mismo, pero enseguida se comprendió que ese no sería el mayor misterio al que deberían enfrentarse. Aparentemente, Benny estaba bien: veía bien, oía bien y conservaba el tacto, el gusto y el olfato. Y sin embargo, algo raro le pasaba: no era capaz de comprender ni una sola palabra escrita. Ni una: ni los letreros del hospital, ni la prensa, ni los libros. Era como si de la noche a la mañana toda la población del mundo se hubiese puesto de acuerdo para adoptar el alfabeto cirílico o el chino sin contar con él.

Hasta aquí la ficción, relatada en la novela policíaca Memory book por el escritor canadiense Howard Engel. Pero por asombroso que parezca, esta situación ficticia no era del todo fruto de la imaginación del autor, sino parte de su propia experiencia real: todo lo sucedido a Benny se corresponde con lo que comenzó a vivir el propio Howard Engel a partir de una mañana de julio de 2001. Y aunque en su caso no despertó en la cama de ningún hospital sino en su casa, como cualquier otro día, también él descubrió que de pronto ya no entendía el significado de las palabras escritas en la prensa diaria, aunque pudiese verlas con toda nitidez. Aunque la noche anterior las hubiera leído sin mayor problema. Y aunque nada, absolutamente nada más en su entorno se mostrase diferente a como lo había percibido siempre. Ambos, autor y personaje, habían sido víctimas de un síndrome conocido como «alexia», que consiste en la interrupción de la capacidad de leer y que fue identificado por primera vez en 1881 por el neurólogo francés Joseph Jules Dejerine. A diferencia de la dislexia, dificultad de aprendizaje que afecta a la lectura y escritura, y que puede estar relacionada con factores congénitos, la alexia se manifiesta tras una lesión cerebral producto de un derrame espontáneo, como fue el caso de Engel, o derivada de un severo traumatismo craneoencefálico, como quiso que le ocurriese a su personaje. Al fin y al cabo, como el propio escritor ironizaba en una entrevista concedida años después a la cadena pública BBC, «un detective privado no puede sufrir un derrame cerebral».

Habiendo, como ocurre con la dislexia, distintos grados de severidad, el caso de Howard Engel era uno de los más graves. Por fortuna, aunque era incapaz de leer, sí conservó en todo momento la capacidad de escribir y entender lo recién escrito... por más que, pasados cinco o diez minutos, aquellas palabras se volviesen definitivamente ilegibles para él. Ello se explica porque la percepción visual de las palabras y la capacidad para escribir están controladas por áreas diferentes de la corteza cerebral. Como la zona encefálica que empleamos para leer no la precisamos forzosamente para escribir, todos podemos hacer esto último con los ojos cerrados. Esta circunstancia le abrió una pequeña puerta a la esperanza: podía leer de nuevo siempre que escribiese las letras que veía en los libros. Al principio lo hacía con los dedos, sobre el aire, pero pronto desarrolló una técnica aún más imaginativa y discreta: trazar con su lengua sobre el paladar las letras que iba viendo. Pese a tratarse de un sistema laborioso, le ha permitido a Howard Engel proseguir su producción literaria, aún con más éxito si cabe. Todo un ejemplo de superación en un mundo donde nos hemos acostumbrado a que algún remedio milagroso nos saque de todos nuestros problemas, sean los que sean, como veremos a continuación...

Un remedio muy especial

La ciudad boliviana de Oruro es famosa por su carnaval, sus minas y el San José, el club de fútbol local, que con los años ha dejado de ser un modesto equipo amateur compuesto por mineros, para convertirse en uno de los fijos en la Liga del Fútbol Profesional Boliviano, cuyo campeonato ya ha ganado en dos ocasiones. Pero Oruro también es conocida por otra singularidad: se encuentra situada a más de 3700 metros sobre el nivel del mar, lo que hace de ella una de las ciudades más altas del mundo.

Vivir a semejante altitud provoca en quienes no están habituados lo que se conoce como «mal agudo de montaña» o más coloquialmente «mal de altura». Este mal, caracterizado por síntomas inespecíficos como dolor de cabeza, fatiga, mareo, náuseas, agotamiento físico y trastornos del sueño, es el resultado de la falta de adaptación del organismo a la escasez de oxígeno en el aire, que suele producirse en ascensiones rápidas a altitudes superiores a los 2400 metros. La disminución de la presión atmosférica provoca un descenso gradual del oxígeno disponible, al disminuir a la par la capacidad de los alvéolos pulmonares para transportar oxígeno a la sangre. En altitudes extremas, por encima de los 5500 metros, el mal de montaña puede acabar resultando mortal. El único remedio eficaz contra este mal es el descenso, o bien detener la ascensión dando más tiempo a nuestro cuerpo para que vaya aclimatándose a cada nuevo entorno antes de proseguir la marcha. Pero ¿qué hacer cuando no se cuenta con ese tiempo para adaptarse porque el motivo de la rápida visita es jugar un partido de fútbol de alta competición? Y lo que es más, ¿qué hacer cuando el equipo que va a jugar ese partido es el famoso club bonaerense River Plate, con un brillante historial a sus espaldas y tras haber pasado nada menos que cinco años, nueve meses y dieciocho días apartado de la Copa Libertadores? La solución que encontraron los galenos del club fue, cuando menos, singular. Pese a que los médicos no recomiendan medicarse para combatir el mal de altura, decidieron suministrar a la plantilla un cóctel a base de cafeína y viagra. En palabras del propio médico del River, la viagra «estimula la circulación de oxígeno por la sangre y ayuda a respirar mejor; el objetivo es ese, mejorar la oxigenación para paliar la falta de oxígeno que hay en Oruro».

Carnaval de Oruro, Bolivia.

Efectivamente, en las primeras líneas de la patente del fármaco conocido como citrato de sildenafilo o sildenafil, que la farmacéutica Pfizer comercializaría con el nombre de Viagra, se explicaba su utilidad «en varias áreas terapéuticas incluyendo el tratamiento de varios desórdenes cardiovasculares como la angina de pecho, la hipertensión, los fallos cardíacos y la aterosclerosis». Ninguna mención, por tanto, a su capacidad vigorizante e incluso afrodisíaca, que ya se ha hecho casi legendaria en la cultura popular. Ciertamente, durante los ensayos a los que se sometió al medicamento se observó que era un potente vasodilatador, y que por tanto era de gran ayuda para pacientes con problemas de disfunción eréctil, pero fue la imaginación colectiva quien puso el resto.

Sin embargo, una cosa es ser vasodilatador y otra mejorar la irrigación sanguínea, como quedó claro aquella tarde en el estadio olímpico Jesús Bermúdez de Oruro. Durante el primer tiempo, los jugadores del River aguantaron muy bien el tipo ante un San José nervioso, que no lograba dar la imagen deseada ante su hinchada. Sin embargo, a punto de acabarse la segunda parte un cabezazo primero de Orué y un potente y lejano disparo de Valverde pusieron el dos a cero final en el marcador, su mayor goleada en la Libertadores. Algunos pudieron excusar recordando que entre 2007 y 2008 la FIFA prohibió jugar en altitudes superiores a 3000 metros, pero supuso una suerte de justicia poética que el humilde equipo minero se impusiera al gigante internacionalmente conocido como los Millonarios.

PARA SABER MÁS

García, Toni, «Descansa en paz, doctor Wilson», El País (Madrid), 21 mayo 2012.

Halberstam, David, La guerra olvidada: Historia de la guerra de Corea, Barcelona, Planeta, 2008.

«Hugh Laurie: Aún estoy de luto por House, pero cada vez menos», ABC (Madrid), 18 diciembre 2012.

Iglesias Illa, Hernan, «Dr. House: el náufrago emocional», La Nación (Buenos Aires), 23 octubre 2011.

Martín Guirado, Antonio, «Hugh Laurie: "¿Siete años? Pensé que House duraría dos semanas"», El Mundo (Madrid), 29 noviembre 2010.

Miller, James E. (ed.), Foreign Relations of the United States, 1964-1968. Volume XII, Western Europe, Washington, United States Government Printing Office, 2001:

https://history.state.gov/historicaldocuments/frus1964-68v12

Rodríguez Jiménez, José Luís, Salvando vidas en el Delta del Mekong: la primera misión en el exterior de la Sanidad Militar española (Vietnam del Sur, 1966-1971), Madrid, Ministerio de Defensa, 2013.

ANÉCDOTAS CON HISTORIA

El ataque de hipo más largo de la historia

El 17 de octubre de 1922 el teniente Virgil C. Griffin daba inicio a la historia de la aviación naval norteamericana al lograr despegar su flamante biplano Vought VE-7 «Bluebird» de la cubierta del primer portaaviones de la Armada de los Estados Unidos: el USS Langley. En realidad aquel portaaviones, así llamado en honor al astrónomo y pionero de la aviación Samuel Langley, había sido hasta hacía unos meses un buque carbonero botado en 1911, pero aquel día y con aquella enorme pista de aterrizaje nueva sobre su casco, estaba irreconocible. Veinte años después, durante el transcurso de la Segunda Guerra Mundial, cinco bombas japonesas vendrían a poner fin a su carrera frente a las costas de Java. El Langley quedó tan seriamente dañado que su propia flota de escolta optó por hundirlo antes de correr el riesgo de que cayese en manos de la Armada nipona. Por desgracia, muchos de sus tripulantes no correrían mejor suerte: pocas horas después de haber sido trasladados al petrolero USS Pecos, este también era enviado a pique por la aviación japonesa.

Muchos, muchísimos años después, el 4 de diciembre de 1991 se escribía una nueva página de la historia de la aviación norteamericana, aunque por una causa muy diferente. Ese día, la que había sido la aerolínea comercial más famosa de los Estados Unidos, la célebre Pan Am —Pan American World Airways—, dejaba oficialmente de operar tras haberse declarado en bancarrota. Y aunque en las siguientes décadas ha habido intentos más o menos serios de resucitarla, a fecha de hoy la Pan Am únicamente forma parte del glorioso pasado de la aviación. Sesenta y nueve años separan a ambas historias que apenas comparten algo más que constituir capítulos de la crónica de la aviación estadounidense.

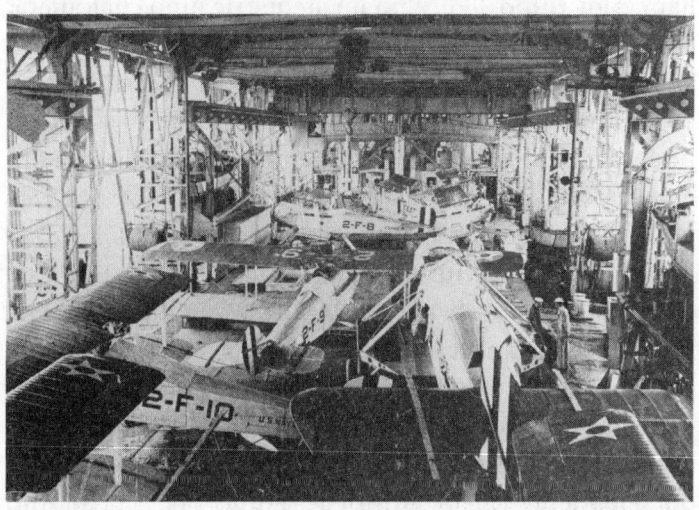

Vista del hangar del primer portaaviones USS Langley (CV-1) de la Armada estadounidense durante la década de 1920.

Si aquella mañana de 1922, alguien le hubiese dicho al joven matarife de veintiocho años Charles Osborne que en breves instantes él se iba a convertir en uno de esos escasos y diminutos puntos en común entre ambas historias, con toda probabilidad hubiese mirado sonriendo a la res que se disponía a sacrificar y proseguido con su trabajo sin dar mayor importancia al augurio. Sin embargo, y por asombroso que resulte, así fue. En ese preciso instante el bueno de Charles entró de forma asombrosa en los anales no solo de la medicina, sino también de la cultura popular, hasta tal punto que muchos años después llegó a ser entrevistado en el famoso show de Johnny Carson en la cadena estadounidense NBC. ¿Qué hecho singular acababa de protagonizar Charles Osborne? Pues un simple ataque de singultus, ese molesto incordio que comúnmente llamamos «hipo». Pero no un ataque de hipo cualquiera, claro. Un ataque que solo lo abandonaría sesenta y nueve años después, apenas unos meses antes de su muerte en 1991. En ese lapso de tiempo se produjeron el ascenso al poder en 1922 de Benito Mussolini en Italia y José Stalin en la URSS, la crisis financiera y económica de 1929, la llegada al poder de los nazis en Alemania en 1933, la Segunda Guerra Mundial en los cuarenta, la guerra de Corea y la caza de brujas de McCarthy en los cincuenta, la crisis de los misiles de Cuba y la guerra de Vietnam en los sesenta, el Watergate en los setenta, el Irangate en los ochenta, e incluso la disolución de la URSS a principios de los noventa. Era además el intervalo de años exacto que separa el vuelo de Griffin de la quiebra de la Pan Am. Sesenta y nueve años durante los cuales, según se calculó posteriormente, Osborne hipó aproximadamente unas cuatrocientas treinta millones de veces. Y ello a pesar de que en sus últimos cinco años la frecuencia disminuyó de unas cuarenta veces por minuto a solo veinticinco. Este sumamente singular caso aparece incluso recogido entre las preguntas del Trivial Pursuit y en el Libro Guinness de los récords mundiales. Se trata de una marca que muy improbablemente alguien desee superar.

Realmente una rareza pues, en general, el hipo, que se produce por la contracción involuntaria, sea aislada o intermitente, del diafragma y los músculos accesorios de la inspiración, es un fenómeno benigno y breve. Su característico sonido «¡hip!» lo causa el cierre momentáneo de las cuerdas vocales con que finaliza cada contracción espasmódica. Un misterioso reflejo que, al parecer, es una reminiscencia evolutiva de la respiración anfibia temprana. El hipo es universal en los mamíferos y afecta a los seres humanos, sobre todo en sus primeros meses de vida, estando ya presente durante el desarrollo fetal. Su función consistiría en posibilitar, junto a otros reflejos, que los mamíferos coordinen las acciones de mamar y respirar. Por cierto, aunque la creencia popular sostenga que el hipo se cura dejando de respirar o con un buen susto, la comunidad médica internacional es unánime al afirmar que ello carece de base científica.

Curiosamente, esta unanimidad se pierde cuando el sonido que nos provocan sus ataques se transcribe en las diferentes lenguas: mientras en castellano y en gallego se usa la onomatopeya «¡hip!», los vascoparlantes escriben «jip», los hablantes de inglés, italiano y catalán, «hic!», e «ic!» los portugueses; de ahí que al hipo los angloparlantes lo llamen hiccup..., aunque los vascoparlantes usan el término zotin; los catalanoparlantes, singlot; los italianos, singhiozzo; los gallegos, salouco, y los lusófonos, soluço. En cambio, los alemanes dicen «Hick!» —si bien al hipo lo denominan Schluckauf— y los francófonos usan indistintamente tanto «hic» como «hip» como onomatopeyas para su hoquet. Capítulo aparte merecen los vietnamitas, que dicen «nấc!» cuando tienen un ataque de nấc cụt. En todo caso, cuando sufrimos un molesto ataque de «hip», «jip», «hic», «Hick»... o «nấc», lo único que cabe hacer es esperar pacientemente a que se nos pase. Si se prolongara más allá de las 48 horas, deberá consultarse al médico, pues en casos extremos puede y debe tratarse con medicación. Si el tratamiento no resulta efectivo, quien lo sufra se verá condenado a sobrellevar las incomodidades que comportan los episodios prolongados de hipo, con sus interferencias severas y continuadas, en actividades cotidianas tan rutinarias como comer o tratar de conciliar el sueño.

Pese a todo, Osborne no solo se acostumbró a su hipo, sino que pudo llevar una vida casi normal, contrayendo matrimonio en dos ocasiones.

Si después de leer esto alguien puede aún creer que un susto a tiempo le hubiese curado, tenga bien presente que Charles Osborne fue padre de nada menos que ocho hijos. ¡Ocho! Y pese a todo, siguió hipando.

Tabaco y publicidad

El año 1927 fue el de la invasión de Nicaragua por parte de los marines de los Estados Unidos —la cuarta incursión que protagonizaban desde 1909—, pero también el de la fundación de los Carabineros de Chile, el del primer vuelo transoceánico de la historia, el del primer plebiscito en el que votaron mujeres en América del Sur —más concretamente en Cerro Chato, Uruguay— y el de la expulsión de Trotsky del Partido Comunista de la Unión Soviética. Igualmente fue el de la concesión del Premio Nobel de Fisiología o Medicina al austriaco Julius Wagner-Jauregg, quien por entonces descollaba gracias a sus estudios sobre el valor terapéutico de la inoculación de malaria en el tratamiento de la demencia paralítica de origen sifilítico, y que pocos años después abrazaría con entusiasmo el nazismo y sus diabólicas teorías sobre la eugenesia y la superioridad racial —pese a haberse casado en primeras nupcias con una mujer judía—. Además de todo ello, aquel 1927 también fue el año en que centenares de médicos estadounidenses se alzaron en pie de guerra contra una campaña publicitaria que acababa de lanzar en la prensa escrita la American Tobacco Company. No era para menos: en aquellos anuncios se afirmaba sin ningún tipo de vergüenza que «más de once mil cien médicos apoyaban sus cigarrillos como los menos irritativos para las gargantas sensibles». Una conclusión no basada en ningún estudio científico, sino que se limitaba a explotar la fe de los consumidores en sus doctores, para dar por bueno su mensaje y adquirir los cigarrillos de esa marca.

De poco serviría aquella protesta y las que le seguirían: pese a sus quejas, durante los siguientes veinte años los anuncios publicitarios de tabaco continuaron presentes en la prensa, en la radio e incluso ¡en las propias revistas médicas estadounidenses! Y con mensajes tanto o más ambiguos. A finales de los años treinta, por ejemplo, la Philip Morris recomendaba a los médicos lectores de estas revistas especializadas que preguntasen a sus pacientes fumadores por los cigarrillos que menos irritaban sus gargantas y que «fuesen ellos sus propios jueces». Es verdad que esta publicidad médica no llegaba al extremo de presentar el tabaco como algo sano y natural, pero no lo es menos que en ocasiones se llegó a comparar a algunos cigarrillos hasta con el agua pura de consumo diario. Más habitualmente se centraba en supuestos estudios científicos comparativos con cigarrillos de otras marcas, que teóricamente venían a demostrar que los de la suya provocaban menos tos, o no llevaban este o aquel componente químico.

Cartel publicitario estadounidense en favor del consumo de tabaco (1930): «20.679 médicos afirman "los Luckies son menos irritantes". "Está tostado". La protección de tu garganta contra la irritación, contra el resfriado».

En momentos históricos concretos, como con motivo de la entrada de Estados Unidos en la Segunda Guerra Mundial, estas campañas dirigidas exclusivamente al personal sanitario tampoco dudaron en presentar los cigarrillos como fieles amigos de sus colegas destinados en el frente, a la vez que les sugerían el envío de cajetillas como el regalo que ellos más apreciarían. Ya en tiempos de paz, tampoco se privaron de insertar anuncios protagonizados por abnegados médicos fumadores de tal o cual marca. Ni de poner a niños en ellos, a quienes se garantizaba una vida de cien años según recientes estudios médicos... para añadir acto seguido que la mayoría de sus doctores fumaban una determinada marca y no otras. Se llegaba al extremo de anunciar una marca de cigarrillos concreta con el impactante mensaje de que eran los que «muchos otorrinolaringólogos recomendaban». Por si no bastara, estas campañas publicitarias en publicaciones médicas dirigidas a profesionales se acompañaban no pocas veces de otras iniciativas para terminar de asegurarse el favor de estos. En efecto, las grandes compañías tabacaleras incluso llegaron a enviar a las consultas médicas de todo el país muestras gratuitas de sus productos por correo o a través de sus comerciales, para asegurarse de que no faltasen nunca en las salas de espera estadounidenses. Sus agentes comerciales tampoco fallaban en las convenciones médicas, a las que acudían puntualmente con el objetivo de resaltar y promover los últimos avances científicos aplicados a las boquillas o a la composición química de sus cigarrillos.

A mediados de los años cincuenta, sin embargo, esta publicidad desapareció súbitamente de las revistas médicas. Ciertamente para entonces ya se habían publicado los primeros estudios demostrando que el tabaquismo estaba estrechamente relacionado con el cáncer de pulmón. Pero también había nacido un medio de comunicación aún más eficaz, capaz de llegar a todo tipo de consumidores: la televisión. Fueron los años en que las pantallas se llenaron de viriles cowboys del lejano oeste disfrutando al atardecer del sabor de una taza de café y un cigarrillo tras una dura jornada de trabajo, mientras la música que Elmer Bernstein había compuesto para Los siete magníficos invadía los salones de medio mundo. Con los años —y en vista del número creciente de estudios, esta vez sí científicos, que alertaban sobre los riesgos del tabaco—, la publicidad fue mostrando cada vez menos su producto, prefiriendo centrarse en sugestivas imágenes de veleros o camas desechas acompañadas de magníficas bandas sonoras, como la potente Baker Street de Gerry Rafferty. No obstante, solo en 2005 se prohibió por completo su publicidad, en virtud del Convenio de la OMS para el Control del Tabaco.

La peste de los mares

Cuando aquel mes de septiembre de 1740 el comodoro George Anson logró hacerse por fin a la mar tras innumerables retrasos, todo parecía indicar que la situación solo podría ir a mejor, pues era muy difícil que pudiese ser aún peor. De hecho, no hubiera sido inexacto afirmar que aquella misión era una inmensa locura. A Anson le habían ordenado que surcase el Atlántico de norte a sur, se internase en el océano Pacífico a través del Cabo de Hornos y una vez allí, se dedicase a hostigar las plazas, puestos y fortalezas controladas por los españoles. Todo ello en una época en que al Pacífico se le llamaba «el lago español» por el control casi absoluto que sobre sus aguas ejercía la Armada de Su Católica Majestad; y contando para esa misión con seis buques de guerra y unos mil ochocientos hombres. Así pues, no siendo muy inexacto definir aquellos planes como chiflados, parecía más correcto calificarlos directamente de suicidas.

Pronto quedó claro que las cosas aún podían empeorar. Y de qué manera. A la altura del Cabo de Hornos, los seis barcos que le habían asignado a Anson se redujeron a cuatro, pues dos de ellos, el HMS Severn y el HMS Pearl, se separaron del grupo en una tormenta, y regresaron finalmente a Londres, donde fueron recibidos entre rumores de deserción que nunca pudieron demostrarse. Poco después, cuando el HMS Wager naufragó frente a las costas de Chile, la flota se vio reducida a la mitad, en barcos y hombres. Ciertamente, hasta la fecha habían tenido la inmensa fortuna de que la flota enviada por la Armada española para darles caza no había podido localizarlos por culpa del retraso con el que habían partido. Sin embargo, a la pérdida de barcos no tardarían en sumarse las consecuencias de la proliferación entre la tripulación de todas las enfermedades propias de aquellos largos viajes transoceánicos: desde el tifus a la disentería pasando por la malaria, que llevaban a los barcos los mosquitos de las costas en que recalaban brevemente para cargar provisiones. Estas enfermedades se vieron favorecidas por las condiciones de hacinamiento en que transcurría la convivencia entre los tripulantes, muchos de ellos ya enfermos antes incluso de su partida de Inglaterra. En todo caso, ninguna enfermedad era tan terrible para aquellos pobres hombres, como la que tras unas semanas de viaje comenzaría a manifestarse en todos ellos con la mayor virulencia: el escorbuto.

El escorbuto, una dolencia cuya causa —el déficit de vitamina C— solo se desveló a comienzos del siglo XX, afectaba entonces particularmente a navegantes ultramarinos. Provocaba cansancio y depresión, hemorragias internas e inflamación de las encías, pudiendo incluso acarrear la caída de los dientes. Para colmo, si no se trataba adecuadamente, resultaba mortal. Como bien pudo comprobar Anson, quien acabó perdiendo por su causa nada menos que a dos tercios de su tripulación. Con tan pocos hombres vivos, finalmente tomó la decisión de abandonar los otros dos buques, primero el HMS Tryal y finalmente el HMS Gloucester, y embarcar a todos los supervivientes a bordo del HMS Centurion, su buque insignia.

De hecho, las inmensas bajas sufridas a causa de esta dolencia por la expedición de Anson y tantas otras de la Royal Navy británica, y su propia experiencia de cirujano naval, llevaron al médico escocés James Lind a diseñar un experimento en busca de una cura para el mal. Desde la antigüedad solía recurrirse a frutos frescos, sobre todo cítricos, para paliar sus efectos. Lind agrupó a doce marineros gravemente enfermos en seis parejas y trató a cada una de ellas con métodos diferentes. Al cabo de unas semanas observó que se habían repuesto aquellos a quienes se había dado dos naranjas y un limón diarios, como también había mejorado el estado de quienes habían tomado «un cuarto de galón de sidra tres veces al día» (unos tres litros diarios). En 1753, Lind publicó los resultados de sus investigaciones, demostrando científicamente, por vez primera, que la ingesta de cítricos y otros frutos frescos servía de remedio contra el escorbuto. Sin embargo, la Royal Navy no introduciría oficialmente el uso del zumo de limón en la dieta de los marinos británicos hasta 1795, a resultas de la reforma de los servicios sanitarios navales emprendida por otro médico militar escocés, Gilbert Blane. Ello dio de paso origen a un célebre mote: a los británicos se les sigue conociendo hoy en el mundo anglosajón como limeys, forma abreviada de lime-juicers, exprimidores de limas, por la afición de sus marinos a este tipo de frutos.

¿Y qué fue de Anson? Tras todo aquel cúmulo de desgracias, y siéndole ya completamente imposible atacar las posesiones españolas mejor fortificadas, se dedicó a asaltar barcos civiles, por aquello de salvar su honor y justificar la travesía. Tuvo particular éxito con el Nuestra Señora del Monte Carmelo, un galeón pobremente armado que se rindió sin apenas presentar batalla. Gracias a este abordaje, además del botín logrado a costa de sus desafortunados pasajeros, los británicos obtuvieron una valiosa información: España y el Reino Unido continuaban en guerra y la flota enviada contra ellos se había visto obligada a buscar refugio en Buenos Aires tras perder una buena parte de sus barcos y tripulaciones. En estas circunstancias, el 20 de junio de 1743 el barco de sesenta cañones a que había quedado reducida la flota de Anson logró dar el golpe del siglo al apoderarse del galeón de Manila. Este galeón —en realidad no era un único buque sino varios distintos—, encargado de unir los puertos de Manila y Acapulco a lo largo de una ruta de 16 000 kilómetros, era famoso por las riquezas que transportaba. Así que Anson se dispuso a esperar su llegada cerca de las Filipinas hasta que finalmente avistó su objetivo: el Nuestra Señora de Covadonga, un navío de mil toneladas y cincuenta cañones que había sido construido en Cavite. No fue un combate complicado, y el botín arrebatado de sus bodegas y pasajeros sirvió para compensar con creces a los escasos hombres que habían logrado sobrevivir a todos los infortunios sufridos. No digamos a Anson, quien con su parte se convirtió en uno de los hombres más ricos de la época. Eso sí, de milagro, pues solo una espesa niebla que los ocultó de una flota francesa al final de su viaje de regreso les permitió llegar vivos a las costas británicas. Y es que, como afirma el refranero popular, «la suerte no se detiene, y es péndulo que va y viene».

La cocinera tóxica

En el preciso momento en el que se cerraron tras ella las puertas del hospital cuarentenario de la isla neoyorquina de North Brother aquel día de finales de 1907, el ingeniero sanitario George Soper pudo por fin respirar aliviado. Acababa de ponerse término de la mejor manera posible a una peligrosa amenaza y él, además, podía dar por cerrado uno de los casos más curiosos de su carrera. Todo había comenzado el año anterior, cuando George Thompson, el arrendador de una lujosa casa de veraneo de Oyester Bay, cerca de Long Beach, solicitó sus servicios. Semanas atrás había alquilado su casa a la familia del señor Charles Henry Warren, por entonces presidente del banco Lincoln. Al principio todo había ido bien, pero a los pocos días de su llegada la hija de los Warren había caído enferma. Enseguida se sumarían su madre, la señora Warren, dos criadas y el jardinero. Los médicos habían sido tajantes: todos ellos padecían fiebres tifoideas. Esta enfermedad es resultado de una infección bacteriana transmitida por vía fecal-oral a través del agua o los alimentos, cuyo agente causal —la Salmonella typhi— había sido aislado en la década de 1880. Aunque habitualmente no es grave y se supera tras dos semanas en cama, provoca desagradables dolores de cabeza, fiebre elevada y diarreas, pudiendo en ocasiones resultar fatal. Para George Thompson, sin embargo, la noticia podía suponer su ruina, pues la afección se daba habitualmente en lugares pobres e insalubres, no en casas lujosas y bien situadas como la suya o entre familias pudientes como los Warren. Se apresuró por encontrar una respuesta, mandando analizar el agua potable, los lácteos, el único retrete interior de la casa, su fosa... e incluso las almejas que vendía una anciana en la playa cercana, sin hallar rastro alguno de Salmonella typhi. Desesperado y viendo que ni los Warren ni ninguna otra familia querrían alquilar su casa el próximo verano, había acudido a Soper por recomendación de unos amigos.

Al principio Soper tampoco logró dar con nada sospechoso. Antes de su llegada ya habían examinado cuantos alimentos y lugares él hubiera investigado y nada parecía indicar que el foco estuviera en ninguno de ellos. De ahí que se preguntara si tal vez el patógeno se hallara en una persona. Calculó cuándo había desarrollado su enfermedad la hija del banquero, sumó el periodo de incubación de la enfermedad —unas dos semanas— y empezó a estudiar a cuantas personas hubiesen pasado por la casa en aquel lapso de tiempo. Para su sorpresa descubrió que los señores Warren habían decidido cambiar de cocinera dos semanas antes de que su hija manifestase su enfermedad. A esas alturas, sin embargo, la nueva cocinera ya se había marchado sin dejar señas donde localizarla: al producirse los primeros casos, había decidido abandonar la casa asustada. Podía tratarse de una pista significativa, pero tampoco había podido averiguar mucho más de ella. En el poco tiempo que había parado en la casa, quienes la habían tratado solo eran capaces de describirla como una mujer rubia, alta, robusta y de origen irlandés. Efectivamente una buena cocinera, le habían dicho, aunque no particularmente limpia —no veía necesario lavarse las manos con asiduidad en la cocina— ni simpática. Al menos era algo.

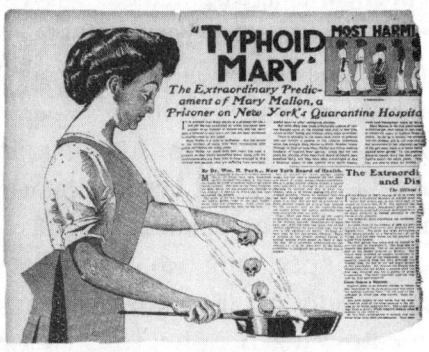

María tifoidea, muy inofensiva y sin embargo la mujer más peligrosa de los Estados Unidos. El extraordinario predicamento de Mary Mellon, prisionera del Hospital de Cuarentenas de Nueva York.

Como más tarde relataría el mismo Soper y muchos años después recogería en una crónica del caso el escritor y cocinero Anthony Bourdain, el siguiente paso que decidió dar fue ir a la agencia de colocación que la había recomendado. Allí le facilitaron una lista de los últimos lugares donde había trabajado, como la casa de Henry Gilsey en Sands Point, Long Island, la casa de verano de J. Coleman Drayton en Dark Harbour, Maine, y el balneario de moda Tuxedo Park. Y efectivamente en todos ellos, al poco tiempo de llegar esta cocinera, se habían producido casos de fiebres tifoideas. Aquella había de ser la pista buena, así que siguió tirando metódicamente del hilo de su vida laboral. Al final, la lista compuesta no podía resultar más inculpatoria. En 1900, en el pueblo neoyorquino de Mamaroneck había trabajado brevemente para una familia hasta que todos enfermaron. De allí se había trasladado a una mansión de Manhattan, donde de nuevo se reproduciría la enfermedad, que en esta ocasión le habría de costar la vida a la lavandera del servicio. Tras ello, se fue a trabajar a casa de un abogado donde siete de sus ocho moradores también enfermaron. Después, en 1904, había ido a la mansión de Long Island, a la casa de vacaciones de Maine y al balneario de Tuxedo Park.

Ya lo tenía casi resuelto. De hecho, un par de años antes había leído la crónica de un caso similar descrito por el prestigioso bacteriólogo Robert Koch, el descubridor de la bacteria causante de la tuberculosis: en Estrasburgo un panadero que años atrás había superado unas fiebres tifoideas había contagiado a varios clientes pese a encontrarse aparentemente sano. Lo mismo debía estar pasando en el caso que estudiaba, si bien hasta la fecha no se habían registrado otros similares en los Estados Unidos. El único escollo aún pendiente de solventar era localizar a aquella peligrosa mujer. En marzo de 1907 una noticia lo puso, por fin, de nuevo sobre la pista: la hija y la doncella de una familia en Park Avenue habían enfermado de fiebres tifoideas. Para cuando Soper se presentó en la casa, la hija ya había fallecido. Sus padres, destrozados, le confirmaron que habían contratado a una cocinera que coincidía con la descripción de aquella alta y robusta mujer irlandesa que él buscaba. Y no solo eso: ella aún estaba a su servicio, trabajando en la cocina. Soper no pudo contener su impaciencia. Rápidamente se dirigió en su búsqueda con el objetivo de exponerle su teoría. Lejos de mostrarse interesada por sus deducciones, la cocinera —efectivamente una irlandesa alta y robusta llamaba Mary Mallon— lo mandó a la calle, profundamente ofendida. Aunque reconoció que se habían producido aquellos casos, ella juró no haber tenido absolutamente nada que ver con ellos.

Sin otra salida, Soper dejó que finalmente fuese el Departamento de Salud de la ciudad de Nueva York el que tomase cartas en el asunto. La encargada de llevar el caso, la inspectora médica Sara Josephine Baker, aun siendo consciente de que Mary no había cometido ningún delito, decidió detenerla para poder tomarle, contra su voluntad, muestras de heces y orina, y analizarlas. Mary por su parte seguía insistiendo en su inocencia, aunque ya abundaban quienes habían empezado a llamarla «Typhoid Mary» («María tifoidea»). Los análisis demostraron que Mary, pese a su aparente salud, era portadora del germen causante de la fiebre tifoidea. De hecho, aún hoy día hay quienes sostienen que ella nunca llegó a enfermar, aunque eso parece poco probable. De cualquier manera, aquel diagnóstico llevó a las autoridades a recluirla precisamente en el hospital cuarentenario referido al principio de esta historia. Caso cerrado...

Casi. Mary hubiera permanecido allí por tiempo indefinido defendiendo su inocencia y negándose a que le extirpasen la vesícula —una peligrosa operación que, le decían, la libraría de las bacterias—, de no haber alcanzado al cabo de tres años un acuerdo con las autoridades. En lugar de ganarse la vida como cocinera, Mary trabajaría como lavandera. E igualmente pondría buen cuidado en tratar de no contagiar a nadie. Un trato más difícil de cumplir que de firmar: Mary Mallon era cocinera y no sabía ni quería hacer otra cosa. Y menos ser lavandera, un oficio que estaba bastante peor pagado. De ahí que al cabo de unos meses cambiara su nombre por el de Mary Brown y volviera a buscar trabajo como cocinera. En 1915, un nuevo brote de fiebre tifoidea con veinticinco afectados, dos de los cuales terminaron muriendo, volvió a poner a las autoridades sobre su pista. Efectivamente, Mary había pasado por las cocinas donde se había producido el brote. Esta vez la condena fue ejemplar: reclusión perpetua en el mismo hospital cuarentenario de la isla de North Brother, donde fallecería dieciocho años después, a causa de una neumonía. Moría la cocinera pero no su leyenda: aún hoy día es corriente en los Estados Unidos referirse como «Typhoid Mary» a las personas propagadoras de algo indeseable, sean o no conscientes de ello.

Una costumbre muy isabelina

¿Qué sería del verano sin la playa? Quien más quien menos, todos hemos ido alguna vez a la playa. Sin embargo, se trata de una costumbre relativamente moderna. Al menos lo suficiente como para que sea bien conocido quiénes pusieron de moda las playas allá por la segunda mitad del siglo XIX. En el Mediterráneo fue la reina Victoria quien popularizó la Riviera francesa entre la realeza de toda Europa, mientras en el Atlántico sería una española casada con un emperador francés la que haría lo propio con la playa de Biarritz. El emperador francés era Napoleón III, de quien ya hemos hablado en el capítulo dedicado al fundador de la Cruz Roja, Henry Dunant, y la española, su esposa: la emperatriz consorte María Eugenia Palafox Portocarrero y Kirkpatrick. Eugenia de Montijo, vamos.

A mediados del siglo XIX, cuando ella llegó a Francia, lo que aún se estilaba entre la aristocracia de casi todo el mundo era tener una piel blanquísima, de hecho enfermizamente blanca. Así venía siendo desde hacía siglos, entre otras razones porque la palidez servía para distinguir a los nobles de los campesinos cuya piel se curtía por el trabajo de sol a sol. Eugenia, sin embargo, marcaba tendencia en su época: guapa y elegante, conseguía que sus vestidos, sus gustos y sus costumbres encandilasen a todas las mujeres de la corte. Y siendo su corte la francesa, pronto también eran imitados fuera de sus fronteras, como todo lo que venía de Francia. Por ello, cuando eligió la playa de Biarritz como el lugar donde acudir a tomar sus queridos baños de agua marina, de la noche a la mañana la pintoresca ciudad vasco-francesa pasó a convertirse en la meca estival de todo el París elegante. Tampoco es que pusiera de moda el tostarse al sol entre chapuzón y chapuzón. Aquellas jornadas de playa eran muy diferentes a las de hoy día. La gente, completamente vestida —si bien con telas ligeras—, paseaba por la orilla y ocasionalmente se metía en el agua. También había sillas en la arena o en la orilla para poder sentarse, pero ni una sola toalla extendida en el suelo para tumbarse un rato.

No es tan conocido, sin embargo, que esa afición de Eugenia de Montijo por los baños de mar radicaba en una enfermedad cutánea de su amiga la reina de España, Isabel II. Isabel sufría desde muy niña un molesto sarpullido en su piel que le provocaba la descamación de las palmas de sus manos y las plantas de sus pies. Sin que pueda confirmarse con completa seguridad, los testimonios de los médicos de la corte inducen a pensar que se trataba de psoriasis, una enfermedad inflamatoria crónica de la piel de origen autoinmune, que no es contagiosa aunque puede ser hereditaria. Para remediar en lo posible este mal, los médicos reales le propusieron cubrirse únicamente con tejidos de lana, extremar su higiene y alternar baños de vapor con los de agua salada. Razón última por la que su madre, la reina regente María Cristina, decidió llevarla a la costa catalana a tomar esas aguas. Y como allí donde iba la reina la acompañaba su corte, y cuanto ella hacía lo imitaban todos sus súbditos, entre la nobleza española se puso de moda ir a la playa. Más aún al saberse que los baños resultaban sumamente efectivos contra la dolencia de la joven reina.

Los mismos baños que años después llevaría a Biarritz una habitual de aquella misma corte: Eugenia de Montijo. Con ello dio lugar no solo al turismo de sol y playa en esa ciudad, sino también a un notable desarrollo urbanístico que trató de «civilizar» el entorno sumando a su agreste costa soluciones arquitectónicas realmente sofisticadas. Son prueba de ello las coquetas villas levantadas en primera línea de playa. O el puente, diseñado por el famoso ingeniero Gustave Eiffel, que une la Roca de la Virgen con la costa... O el imponente Hôtel Palais, construcción levantada en 1854 en el estilo arquitectónico y decorativo propio del segundo Imperio, que sirvió inicialmente como residencia para la emperatriz —de hecho, se llamaba Villa Eugenie— hasta su conversión en hotel en 1883. O el posterior, aunque no menos espléndido, casino municipal, inaugurado en 1929 y digno ejemplo del Art Decó.

En todo caso, en Biarritz o en cualquier otra playa, nunca olvidemos una buena crema solar, unas gafas de sol y un gorro o visera para protegernos de los efectos indeseados de una exposición abusiva a los rayos del sol. Y, por supuesto, un buen libro de cuya lectura poder disfrutar.

PARA SABER MÁS

AA.VV., El galeón de Manila: un mar de historias: Primeras Jornadas Culturales Mexicano-Filipinas, Mexico, 12-13 de junio de 1996, octubre-diciembre de 1996, México, JGH, 1997. Bourdain, Anthony, Typhoid Mary: An Urban Historical, Londres, Bloomsbury, 2010.

Bown, Stephen R., Escorbuto: cómo un médico, un navegante y un caballero resolvieron el misterio de la peste de las naos, Barcelona, Juventud, 2005.

García del Castillo, José Antonio; López Sánchez, Carmen, Medios de comunicación, publicidad y adicciones, Madrid, EDAF, 2017.

Rivera Camino, Jaime; Sutil Martín, Dolores Lucía, Marketing y publicidad subliminal: fundamentos y aplicaciones, Madrid, ESIC, 2004.

Zaragoza, Justo, Piraterías y agresiones de los ingleses y de otros pueblos de Europa en la América española desde el siglo XVI al XVII deducidas de las obras de D. Dionisio Alsedo y Herrera [1883], Sevilla, Renacimiento, 2005.

Otros títulos en
Libros en el **Bolsillo**

Eso NO ESTABA en mi LIBRO de HISTORIA de ESPAÑA

por
FRANCISCO GARCÍA DEL JUNCO

El descubrimiento de las Fuentes del Nilo, la expedición Malaspina, las visitas de tribus vikingas a tierras del Guadalquivir, Blas de Lezo, el «Lago Español»... y otros acontecimientos singulares que permanecen olvidados en la Historia de España.

Eso NO ESTABA *en mi* LIBRO *de la* GUERRA CIVIL

por
PEDRO CORRAL

¿Sabía que la última batalla de la Guerra Civil acabó con una victoria republicana? ¿Ha leído alguna vez que tres cuartas partes de los «gudaris» del Ejército vasco estuvieron bajo el mando de la Guardia Civil?

Del autor de
DESERTORES
Los españoles que no quisieron la Guerra Civil

«Reivindica la sencillez y el equilibrio.» Ima Sanchís, *La Vanguardia*

EL ARTE DE PENSAR

Cómo los grandes filósofos pueden estimular nuestro pensamiento crítico

José Carlos Ruiz